라미의 믿고먹는
다이어트 레시피

라미의 믿고 먹는 다이어트 레시피

초판 1쇄 발행 2021년 7월 15일
초판 2쇄 발행 2021년 8월 25일

지은이 이주아
펴낸이 최선애
펴낸곳 북테이블
출판등록 제2020-000120호
주소 03939 서울시 마포구 월드컵북로27길 62
전화 02.303.3690
팩스 0504.343.8650
이메일 service@booktable.co.kr
홈페이지 www.booktable.co.kr

교정교열 임지영
디자인 디박스
인쇄대행 공간코퍼레이션

라미의 믿고 먹는 다이어트 레시피

41kg 감량! 체지방 30% 감소! 10년 경력 영양사 다이어터!

| 이주아 지음 |

북테이블

" 안녕하세요!
영양사 다이어터
라미입니다!
"

이제는 이 인사말이 더 익숙해진 영양사 이주아입니다.
아동비만이었던 저는 10대 시절부터 잘못된 절식과 가혹한 다이어트로
요요를 반복하며 건강을 해쳤기에, 서른 살이 넘어가며 이번에는 건강한 몸을
만드는 '지속 가능한 건강 식단'을 하자고 생각했어요.
맛있게 먹는 만족감과 제대로 챙기는 영양, 살도 빼는 세 마리 토끼를 잡기
위해, 회사를 다니며 시간이 없는 중에도 간단하지만 근사한 한 끼를 만들어
먹기 위해 노력했어요. 건강 식단과 근력운동, 유산소운동을 병행하며
행복한 마음과 탄탄한 몸을 가진 사람으로 다시 태어났고, 몸무게
앞자리를 '4'로 바꿔도 봤고(지금은 이것보다는 증량이에요^^)
바디프로필도 찍어 보고 보디빌딩 대회에 나가 1등도 해봤습니다.

before

기록으로 남기기 위해 SNS에 올린 레시피에 많은 관심을 주신 덕분에,
첫 다이어트 레시피북《라미의 잘 빠진 다이어트 레시피》가 세상에 나와
예상보다 훨씬 큰 사랑을 받았습니다. 생각지도 않았던 쿠킹클래스나
각종 매체의 러브콜까지 받았지요. 음식을 사랑하는 저의 한결같은 진심을
알아주시는구나 싶어 뿌듯하고 행복했어요.
전작의 모든 메뉴를 다 만들어 드시고 2탄도 얼른 만들어 달라고
요청해 주시는 분들 덕분에 2탄《라미의 믿고 먹는 다이어트 레시피》가
세상의 빛을 보게 되었습니다.

"
요리를
꼭 해야 할
필요가
있나요?
"

시간도 없고 요리 실력도 없다는 이유로 다이어트&건강 식단을 한다며
닭고야(닭가슴살, 고구마, 야채)만 물리도록 드시거나 완성된 건강 도시락을
배달시켜 먹거나 특별한 조리가 필요 없는 음식을 드시는 분들도 많지요.
그것도 그것 나름대로 괜찮아요.
하지만 평생 닭고야나 배달 도시락, 생채소만 먹을 수는 없죠.
많은 분들이 인정해 주시는 라미 레시피의 특장점 중 하나는 집앞 마트에
가서 손쉽게 구할 수 있는 최소한의 재료와 집에 있는 양념으로 조리 과정은
간단하고 짧은데 근사한 한 끼를 만들어 먹을 수 있다는 점이에요.
식사는 식사답게 잘 차려 먹는 것이 라미식 다이어트&건강 모토이기 때문에,
나의 소중한 한 끼를 신경 써서 챙길 수 있는 초간단 레시피로
구성해 보았습니다.

"
오늘도 행복하고 건강하게 잘 먹었다!
"

특히 작년에 결혼을 하고 운동하는 신랑과 살며 이제는 혼자만 챙겨 먹는
다이어트 식단이 아니라 가족과도 건강하고 맛있는 식단을 차려 먹는 것이
중요하다고 생각하게 됐어요. 그래서 이번 레시피북은 '영양사'라는
직무에 누가 되지 않도록 식단과 레시피 구성에 더욱 신경을 썼고,
다이어트를 하지 않는 친구나 가족과 함께해도 좋은
'속세 맛 다이어트&건강 레시피'들로 채우기 위해 많이 노력했어요.
코로나 시대에 강제 집콕하면서 밥 먹고 돌아서자마자 또 밥을 해야 하는
'돌밥돌밥' 상황에서 가족들의 식사 준비로 스트레스 받는
분들도 많은데, 부디 라미 레시피가 온 가족이 행복하고 건강한 식사를 할 수
있는 아이디어를 주는 책이 되기를 빌어 봅니다.
그럼 오늘부터 믿고 먹는 라미 레시피를 같이 시작해 볼까요?

라미 레시피를 따라 직접 만들어 보신 인친님들의 사진과 글이에요.
여러분의 건강하고 씩씩한 도전에 언제나 응원을 보냅니다!

✦ 7days_7 ✦

라미 레시피로 하루 세 끼 건강한 재료로 맛있게 잘 챙겨 먹으니 속세 음식 생각이 사라졌다. 식감, 맛, 비주얼 모든 게 충족되었으니까. 무조건 닭고야만 먹어야 살이 빠질 줄 알았다.(싫어하는 샐러드를 억지로 먹어서 다이어트가 더 힘들었다.) 하지만 이렇게 맛있게 먹어도 눈바디, 체중계 모두 변화가 생기다니!

✦ won_theland_ ✦

이거 다들 제발 꼭꼭 해 드시길!
다이어트 할 때도 먹을 수 있고, 양도 많아서 아주 좋아요.
라미 레시피 진짜 최고시다! 2탄 빨리 나와랏!

✦ hsb_diet ✦

라미 레시피의 좋은 점!
❶ 냉털 레시피로 활용하기 너무 좋다!
❷ 한 가지 재료만 사두면 2~3가지 요리를 할 수 있어 경제적이다!
❸ 아이 반찬 하면서 시간 단축하기 딱이다!

아이 밥과 간식을 챙기며 내 다이어트 식단도 끼워 먹을 수 있고, 아이와 같이 만들면서 즐길 수 있는 메뉴가 많아, 다이어트 하는 엄마들도 얼마든지 제대로 된 식단을 건강히 즐길 수 있다.

✦ eun_fitlog ✦

라미언니 책을 사놓고는 시도도 안 해 보고 "나는 요리 못해! 요리 똥손이야!" 하고 큰소리치고 다녔는데 마침 열린 #라미챌린지! 틀에 박힌 '닭고야'를 벗어나 요리와 친해지고, 음식에 대한 남은 강박을 깨고 싶었다. 한 달이라는 시간 동안 내 손으로 요리해서 꾸미고 먹는 것에 너무 재미를 느꼈고 음식에 남아 있던 겁이 사라졌다. 정해진 틀이 아닌 다양한 식단으로 입맛 성형 gogo!
결론: 요리 짱 재밌다!

✦ jjring_dietary ✦

매콤한 게 먹고 싶어서 만들어 봤는데 진짜 짱짱맛이에요! 지금까지 만들었던 김밥 중에 최고로 맛있어요. 매운 어묵 김밥 맛도 나고 면두부의 식감이랑 땡초의 맛이 환상의 궁합. 김밥 썰면서 꽁지 먹어 보고 너무 맛있어서 놀랐어요.
오늘도 잘 먹었습니다!

✦ twenty_diet ✦

진짜 맛있어요.
자취하게 되면 라미언니 레시피책 제일 먼저 챙겨 가야지 생각할 정도로 jmt! ♥ 간도 딱 맞고 냉털의 뿌듯함은 덤! 라미 레시피책에 나온 레시피는 거의 다 맛있네요. 진짜 ㅠㅠ

✦ diet._.dona ✦

새로운 소울푸드로 오트밀죽 등극!
밀가루 단식하면서 김치전 먹고 싶을 때 못 먹어서 슬펐는데 이제 걱정 끝.
라미쌤 레시피는 언제나 최고! 너무너무 맛있잖아요! 제발 다 따라해주세요. 진짜 맛있어요!

✦ ssun_hyang.97 ✦

와~ 진짜 이번 거는 진짜 미쳤다.
역대급♥
정말 너무너무너무너무~무 맛있어서 먹고 감동함 ㅠㅠㅠㅠ

✦ twinklenari ✦

만두가 당겨서 라미님 피드에서 봤던 김치 만두 랩 도전!
집에 있는 걸로 대체하느라 소고기와 갓김치를 사용! 맛있는 건 당연 믿먹이라 어느 정도 예상했는데 어떻게 만두와 같은 맛이? 만두 먹고 싶었던 욕구를 다 채워줘서 감동이었던 한 끼!

✦ mi._.miet ✦

집에 있는 흑임자가루를 사용하고 싶었는데 우연히 본 #라미레시피
고소한데 꾸덕꾸덕하고 식을수록 꾸덕해져서 흑임자오트밀찰떡으로 먹어도 되겠다.
중간에 포만감이 엄청나서 다 못 먹을 뻔!
할매 입맛인 분들은 꼭 드셔 보세요.

✦ hljk1204 ✦

라미님의 원팬토스트 레시피로
아침식사 해결~
어젯밤 찐 홍게살로 만들어 먹으니 너무 맛있네요. 라미님은 크래미로~
아이들 건 치즈까지 넣어 굽굽하고 미숫가루까지 곁들여주니 맛도 영양도 업업♥

라미 레시피 | 사용 설명서

✦ 정보 아이콘 ✦

몇 인분 또는 몇 회분인지, 어느 조리기구를
사용하는지, 조리하는 데 시간이 얼마나
걸리는지, 숙성이나 보관하는 경우 필요한
시간이나 시일 등을 알려 줍니다.
(조리기구가 2개 이상일 경우에는, 좀 더
중요한 기구를 표시했습니다.)

라이스페이퍼로 쫀득쫀득 쀄바로우 식감 즐기는

다이어트 탕수육

분량	소요시간
1인분	30분

✦ 재료 및 계량 ✦

필요한 재료와 재료의 양을 알려 줍니다.

준비 재료

[주재료]
돼지고기(안심) 130g
라이스페이퍼 6장
양파 30g
파프리카 1/4개(40g)

[양념]
물 1/2컵
올리브유 1큰술
간장 1큰술
알룰로스 1큰술
식초 1큰술
소금 한 꼬집
후춧가루

[전분물]
물 1큰술
전분 1큰술

이번 책에는 '중식(중화요리)'을 즐길 수 있는 메뉴도 꼭 담아 달라는 의
견을 굉장히 많이 받았어요. 짜장과 짬뽕도 다이어트 버전으로 넣었
으니 짜장, 짬뽕과 짝꿍인 탕수육도 빼놓을 수 없잖아요? 그래서 비주
얼도 맛도 합격, 제 맘에 쏙 드는 레시피를 만들었어요.
라이스페이퍼를 이용해 튀김반죽을 대체했는데 겉은 바삭 속은 쫄깃
한 찹쌀 탕수육 같은 기분도 들고, 속은 두툼하니 꽉 차서 처음 만들
어 먹고는 흡족해서 연이어 몇 번이나 더 해 먹었던 메뉴랍니다.
SNS에 요리 영상을 올렸을 때도 신박하다며 반응도 정말 좋았으니,
탕수육이 당기는 날 꼭 드셔 보세요!

✦ QR코드 ✦

QR코드를 스캔하면 해당 메뉴의
요리 과정을 동영상으로 볼 수 있습니다.

✦ 메뉴 소개 ✦

다이어트 식단으로 해당 메뉴를 만들게 된
계기와 소개하는 이유, 영양 정보,
메뉴의 특징 등을 소개합니다.

요알못도 따라하면 똑같이 되는 초간단
레시피입니다. 최대 4컷으로 구성된
직관적인 사진으로 요리를 쉽게
알려 줍니다.

1 안심은 0.5cm 굵기로 먹기 좋게 채 썰고,
   양파와 파프리카는 깍둑썰기 한다.

2 안심에 소금, 후춧가루로 간해서 버무려
   주고, 라이스페이퍼는 4등분 후 물에 적
   신 뒤 안심을 넣어 돌돌 만다.

3 라이스페이퍼 겉면에 기름을 고루 펴바른
   뒤 에어프라이어에 180℃로 10분 돌린 뒤
   다시 뒤집어 3~4분 돌린다.

4 물 1/2컵, 간장, 알룰로스, 식초를 넣어 끓
   이고 양파, 파프리카를 넣어 익힌 뒤 전분
   물을 풀어 소스를 만들어 탕수육에 곁들
   인다.

✦ 팁 ✦

조리 과정에서 특별히 유의해야 할
사항이나 함께 알아 두면 도움이 되는
요리 정보를 담았습니다.

✦ 간장 대신 같은 양의 무설탕 케첩으로 변경하면
   추억의 케첩 탕수육소스로 즐길 수 있어요.
✦ 전분물을 부으며 재빨리 저어야 전분이 뭉치지
   않아요. 초보자들은 중약불을 추천해요.
✦ 탕수육 소스에 들어가는 채소는 냉장고 상황에
   따라 알록달록 예쁘게 바꿔도 좋아요. 추천 채소
   는 피망, 오이, 당근, 적양배추, 버섯 등이고 냉동
   야채믹스도 가능합니다.

차 례

레시피가
술술 읽히는
요리 상식

가족과 두고두고 함께 먹는, 저염 저당 김치와 반찬

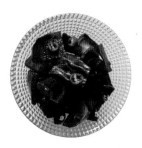

노동 가성비와 행복 가심비 두 마리 토끼를 잡는 대용량 요리

시간 없는 다이어터에게 바치는 초간단 국밥&탕&죽

슬기로운 집콕 생활, 나만의 근사한 홈스토랑

탄단섬 골고루 챙기고 칼로리는 낮춘 '밥심' 메뉴

집구석 식단으로 방방곡곡 미식 세계 여행

무서운 아는 맛,
치팅 메뉴가
든든한 건강식으로
재탄생!

'분식'
없으'면'
못
살아!

라미 레시피 재료 계량하기

✦ 밥숟가락 가루 계량

1큰술   0.5큰술   0.3큰술

✦ 밥숟가락 액체 계량

1큰술   0.5큰술   0.3큰술

✦ 밥숟가락 장류 계량

1큰술   0.5큰술   0.3큰술

✦ 밥숟가락 다진 재료 계량

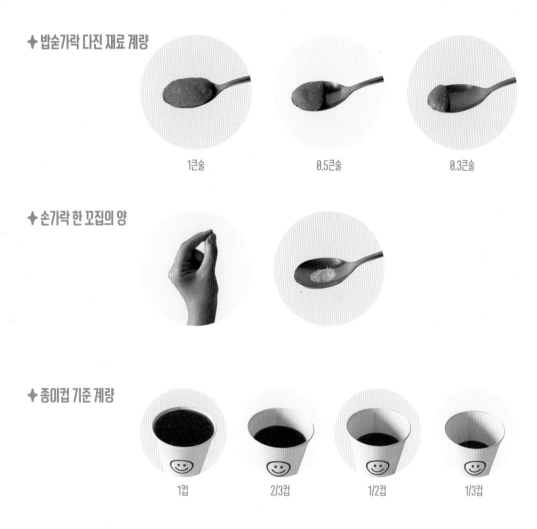

1큰술   0.5큰술   0.3큰술

✦ 손가락 한 꼬집의 양

✦ 종이컵 기준 계량

1컵   2/3컵   1/2컵   1/3컵

* 이 책에 나오는 재료(양념) 중 분량이 제시되지 않은 것은 한 꼬집이 채 되지 않는 양으로, 취향껏 간하면 됩니다.

이 요리에는 어떤 기름? 기름과 발연점

다이어트 요리에 기름을 사용한다고 하면 보통 의아해하는데, 기름의 적절한 섭취는 꼭 필요합니다! 지방도 몸 안에서의 역할이 있거든요. 그렇다면 어떤 기름으로 좋은 지방을 섭취하는 것이 좋을까? 라는 두 번째 궁금증이 생기겠지요. 이 책에는 대중적인 기름 중 하나인 올리브유로 레시피화하였어요.

하지만 열을 가해 조리용으로 쓰기 더 적합한 기름이 따로 있답니다. 유지를 가열할 때 유지 표면에서 엷은 푸른 연기가 나기 시작할 때의 온도를 '발연점'이라고 하는데, 발연점 이상으로 가열하면 포름알데히드, 아크로레인 등의 발암물질이 발생하여 몸에 좋지 않아요!

건강한 지방을 안전하게 섭취할 수 있도록 각 기름의 발연점과 그에 따른 조리법을 알려 드릴게요.

올리브유

✦ **엑스트라버진**: 발연점이 낮아 가열하지 않는 샐러드용으로 적합해요.
✦ **정제유**: 한 번 더 정제를 한 올리브유이기 때문에 영양성분은 떨어지는 반면 발연점은 높아져 가열하는 모든 조리법에 사용 가능해요.

카놀라유

알파토코페롤이라는 생리활성물질이 풍부하게 들어 있어 식용유 중 가장 낮은 포화지방을 가지고 있어요. 발연점도 높아 가열 조리에 적합해요.

콩기름

시중에 판매 중인 콩기름은 대부분 정제를 한 번 한 상태로 가격도 저렴하고 발연점도 높아 모든 가열 요리에 사용 가능하고 가장 보편적으로 사용되는 식용유예요. 하지만 재료인 콩의 GMO(유전자변형) 우려가 많아 주의할 필요가 있답니다.

올리브유

카놀라유

콩기름

코코넛오일

✦ **엑스트라버진** : 발연점이 낮아 조리용으로 적합하지 않아요. 보통은 화장품에 가장 많이 쓰이고, 오일풀링에도 사용해요. 낮은 온도에서 녹인 후 드레싱을 만들거나 커피에 타 먹는 용으로 추천해요. 주로 '저탄고지' 키토 식단에 많이 쓰인답니다.

✦ **정제유** : 한 번 더 정제한 오일은 발연점이 높아 조리용으로 가능하지만, 의외로 포화지방 함유가 많은 편이라 낮은 온도에서 쉽게 굳어 개인적으로는 선호하지 않는 기름입니다.

아보카도오일

소개하는 기름 중 가장 발연점이 높아 모든 가열 요리가 가능해요. 올리브유보다 오메가3 지방산 함량이 높아 콜레스테롤의 억제를 도와주는 좋은 기름이에요. 다이어트 식단 조리 시 1~2큰술 사용을 권장합니다.

포도씨유

발연점이 높아 모든 가열 조리에 사용이 적합하고, 쉽게 타지 않아 튀김 후에도 재사용이 가능한 가성비 좋은 기름이에요. 또한 콜레스테롤 수치를 낮추는 데 도움을 주는 베타시토스테롤과 토코페롤이 풍부해 느끼함은 덜하고 깔끔한 맛을 내주어 개인적으로 추천하는 조리 기름이에요.

들기름, 참기름

두 기름 모두 오메가3, 오메가6가 풍부해 건강에도 좋고 특유의 고소한 향도 참 좋아요. 하지만 발연점도 낮고 온도에 관계없이 가열 시간이 길어지면 벤조피렌이라는 발암물질이 발생해 오랜 가열은 추천하지 않아요. 생으로 곁들이거나 가열이 짧은 조리(볶은 나물)에 살짝 사용하길 권장해요.

소개한 여러 기름 중 건강함과 실용성으로 저의 선택을 받은 조리유는 '아보카도오일'과 '포도씨유'예요. 카놀라유, 콩기름, 옥수수유도 좋지만 앞서 콩기름에서 언급했듯이 재료의 GMO(유전자변형)가 우려되어 조심해야 한답니다.

이 책에서 올리브유를 많이 사용한 이유는 요즘은 콩기름 못지않게 많이들 갖고 계실 거라 생각했기 때문이에요. 하지만 다양한 기름이 있다는 것을 알았으니 각자의 필요와 취향에 맞게 잘 선택하여 건강하고 맛있게 조리해 보세요.

참, 이왕이면 스프레이형 오일 사용을 추천해요. 분사형으로 넓게 오일이 퍼져나와 적은 양으로도 코팅이 확실하고 다양한 조리도 할 수 있기 때문이에요.

코코넛오일

아보카도오일

포도씨유

들기름

참기름

스프레이형 올리브유

종류별 간장 사용법과 차이점

요즘은 간장도 조림간장, 맛간장, 달걀장 등 용도별로 세분화되어 참 다양하게 나와요. 하지만 다이어트식이나 건강식으로 조리하는 경우에는 감미료 첨가가 덜한 진간장, 국간장, 양조간장 세 가지 정도만 사용하는 것을 추천해요. 세 가지 간장만으로도 충분한 맛을 낼 수 있답니다.

제 레시피에서는 보통 다 갖고 계시는 진간장으로 대부분 맛을 낼 수 있게 소개해 두었어요. 그래도 이왕이면 음식별로 그에 딱 맞는 간장을 사용하면 맛이 몇배 더 살아나는 마법이 되니 꼭 기억해 두고 궁합이 좋은 간장을 사용해서 조리해 보세요.

진간장

장시간 가열해도 맛이 변하지 않고 은은한 단맛이 있어 볶음이나 조림 요리에 추천해요. 대부분의 조리에 가장 많이 쓰입니다.

국간장(조선간장, 집간장)

국간장은 '조선간장' 또는 '집간장'이라고도 불리며, 국물 요리에 넣으면 감칠맛을 살려 주어요. 국물이 끓으면 국간장으로 색을 내고 간을 한 뒤 한 번 더 끓이고, 나머지 부족한 간은 소금으로 하면 국물 색깔이 너무 까매지는 것을 막을 수 있어요.

양조간장

간장 자체의 맛을 중시하는, 생으로 먹는 요리에 적합해요. 양조간장 특유의 단맛과 향은 가열하면 줄어들기 때문에 가열하지 않는 찍어 먹는 간장 소스나 드레싱류를 만들 때 추천해요!

양조간장 뒤에 붙는 숫자의 의미는 양조간장의 총질소(T.N.) 함유량, 즉 단백질 함량으로 숫자가 높을수록 감칠맛이 좋아 고급 간장으로 분류돼요. '양조간장 501S'의 숫자 501은 단백질 함량 1.5% 이상을 뜻하고, 단백질 함량이 1.7% 이상인 제품은 '양조간장 701S'라는 브랜드로 판매돼요. 감칠맛은 미세한 차이이므로 경제성이나 용도에 맞춰 사용해도 괜찮아요.

✦ 색 : 진간장 > 양조간장 > 국간장
  (진간장이 가장 진하고, 국간장이 가장 옅어요.)

✦ 염도 : 국간장 > 양조간장 > 진간장
  (국간장이 가장 짜고, 양조와 진간장은 비슷하지만 진간장이 가장 덜해요.)

✦ 단맛 : 진간장 > 양조간장 > 국간장
  (진간장이 가장 단맛이 높고, 국간장이 가장 단맛이 없어요.)

진간장   국간장   양조간장

같은 짠맛 다른 용도, 소금의 종류

굵은소금

바닷물을 염전에 가두고 햇볕과 바람에 증발시켜 만든 가공되지 않은 소금으로 입자가 굵어 '굵은소금', '호렴' 또는 '천일염'이라고 해요. 염도가 높은 편으로 절임류에 많이 사용되며, 김치 담글 때 사용하는 소금이에요. 굵은소금에는 미네랄(무기질) 성분이 포함되어 있는데, 이는 채소 세포막 펙틴 성분과 결합하여 더 단단하게 식감을 잃지 않게 절이고, 천천히 깊숙이 절이는 역할을 해요. 이 외에도 된장, 간장 등 저장식품을 만들 때 많이 사용해요.

꽃소금(재렴)

꽃소금은 '재렴'이라고도 하는데, 여기서 '재(再)'는 '다시'라는 뜻이에요. 천일염을 물에 녹여 불순물을 걸러내고 다시 결정화시켜 '재렴' 또는 '재제염'이라고 합니다. 결정 모양이 꽃모양이어서 꽃소금이라는 이름으로 더 많이 알려져 있어요. 조리 시 가장 많이 사용하는데, 염도가 가장 높은 소금으로 적은 양을 넣어 간을 보고 다시 추가로 간하는 식으로 사용하면 돼요.

맛소금

가공소금이라고 불리는 맛소금은 정제염 90%에 감칠맛을 내는 L-글루타민산나트륨 약 10% 정도가 함유되어 있어요. 우리가 흔하게 알고 있는 MSG가 포함된 소금이라고 생각하면 이해가 쉽겠네요. 사용 용도는 보통 달걀프라이나 찍어 먹는 소금장을 만들 때, 또는 나물을 무칠 때 조미료가 포함된 맛소금만으로 간을 하기도 해요.

MSG를 너무 무분별하게 사용하는 것은 좋지 않지만, 과학적으로 건강에 해로운 점은 없다고 발표가 나온 바가 있으니 적당히 사용하여 맛을 올려주는 것은 나쁘지 않다고 생각해요.

굵은소금

꽃소금

맛소금

라미가 추천하는 액젓 종류별 조리법

국물 요리는 '멸치액젓'

멸치 감칠맛이 풍부해 김치 담글 때 가장 많이 사용해요. 개인적으로는 국이나 육수를 낼 때 멸치나 특별한 재료가 없어도 살짝 넣어주면 멸치 특유의 감칠맛이 살아나 자주 사용합니다. 국간장을 넣어도 부족하다 싶은 육수에는 멸치액젓 조금 넣어 보세요.(단, 고기국물류에는 비추천)

무침, 볶음에는 '까나리액젓'

멸치액젓에 비해 비린내가 덜하고 끝에 단맛이 도는 것이 특징이에요. 집에 국간장이 떨어졌을 때 까나리 액젓 소량을 사용해 대체할 수도 있을 만큼 깊은 향과 짠맛을 가지고 있죠. 무침이나 볶음 요리에 간할 때 조금씩 사용하면 요리의 풍미나 감칠맛이 살아나 초보자들도 조미료를 덜 쓰고 맛을 낼 수 있는 좋은 재료랍니다.

고급진 감칠맛 '참치액젓'

일식 요리에 주로 사용되는데 요즘은 가정에서도 참치액젓을 많이 사용해요. 액젓 중에 가장 고급스런 맛을 지니고 있기 때문에 요리의 격이 달라진다고도 해요. 가쓰오부시를 우려내어 특유의 훈제 향과 낮은 염도로 높은 감칠맛, 단맛을 가지고 있는 것이 특징이에요. 우동국물의 느낌을 내는 향이라고 생각하면 쉽겠네요.

액젓 향이 너무 세다 싶으면 '피시소스'

저는 비린 향에는 약해서 액젓 사용이 과하면 먹기 어렵더라고요. 그래서 옅은 동남아식 액젓 피시소스를 사용해 보았는데, 액젓보다는 연하고 부드러워 처음 접하기 좋고, 감칠맛이 살아 있어 가열하거나 생으로 먹는 모든 다양한 요리에 사용하기 좋아요. 볶음밥을 만들 때 1큰술 추가하면 감칠맛이 돌아서 잘 사용하고 있답니다.

멸치액젓

까나리액젓

참치액젓

피시소스

다이어트 식단에도 단맛을! 설탕 대체 감미료

다이어트 하며 가장 어려운 것 중 하나는 단맛을 참아내는 것이 아닐까 싶어요. 단맛이 어느 정도 들어가야 감칠맛도 살아나고, 우리가 외식에서 맛봤던 맛이 나기 때문에 더더욱 단맛의 유혹은 끊기 어렵지요. 다행인 건 요즘은 설탕을 대신할 감미료가 있다는 거예요. 꼭 다이어트 때문이 아니더라도 설탕을 대체하여 사용하면 당을 줄이는 식단을 할 수 있어 많은 분들이 설탕 대체 감미료로 바꾸고 있어요.

대체 감미료는 당뇨환자나 대사성 질환을 앓고 있는 환자를 위해 많이 쓰였는데, 설탕과 비슷한 단맛이 나거나 그보다 더 달아서 소량만 사용할 수 있는 장점이 있어요. 물론 단점도 있는데, 대사성 질환을 앓고 있는 분들이 너무 많은 양을 오랜 기간 장복할 경우 오히려 건강에 해롭다는 논문이 발표되고 있어요. 부작용으로 소화불량이 나타날 수 있다고 하지만, 설탕을 쭉 먹는 것보다는 덜 해로우며, 저의 레시피에서는 정말 소량씩 사용하고 있기 때문에 안심하셔도 된답니다.

가루형은 스테비아(&에리스리톨)

스테비아는 여러해살이풀에서 만들어진 천연 감미료로, 스테비아 제품은 대부분 스테비아와 에리스리톨을 혼합한 것이에요. 스테비아의 당도가 설탕의 250배 수준으로 지나치게 달아 스테비아만 단독으로 사용하기 어렵기 때문에 설탕의 약 70~80배의 당도를 가진 채소와 과일을 발효해서 추출한 천연 감미료 에리스리톨을 섞어 단맛을 낮추어 사용하기 좋게 만든 거예요. 칼로리는 설탕의 1/100로 매우 낮고, 열에도 강한 편이라 조리 시 단맛이 그대로 유지되어 많이들 사용하는 감미료예요.

보통 스테비아는 흰 가루 형태여서 설탕처럼 사용하면 되고, 사용하던 설탕 양의 1/2을 사용하면(스테비아 100%는 1/5) 간이 잘 맞을 거예요. 직접 사용해 보면 스테비아가 의외로 알이 굵어 잘 녹지 않아 조리 시 어려울 때도 있더라고요. 스테비아 중에서도 고운 가루 형태의 '눈꽃 스테비아'가 있는데, 음식을 만들 때도 잘 녹고 빠르게 단맛이 퍼져 간을 보기에도 좋아 더 손쉽게 사용할 수 있답니다.

액체형은 알룰로스

알룰로스는 밀, 무화과, 건포도 등에서 소량 나오는 '희소당'으로, 요즘은 상업적으로 대량 생산을 하기 위해 옥수수로부터도 생산이 된다고 해요. 알룰로스의 원재료를 파악하여 더 건강한 재료를 이용한 제품을 고르면 좋을 것 같아요. 설탕의 70% 정도의 단맛을 가지고 있으며 칼로리는 설탕의 1/10 정도로 소화기관에서 거의 흡수되지 않아 건강 식단이나 당을 피해야 하는 분들에게 대체당으로 많은 사랑을 받고 있어요. 가루형도 있지만, 시중에 나와 있는 알룰로스는 대부분 물엿과 같은 질감의 액체형이에요. 물엿을 써야 하는 요리에 물엿 대신 사용하면 좋답니다. 물엿과 같은 양으로 사용하면 너무 달지 않고 은은한 단맛을 느낄 수 있을 거예요.

이거 하나만 있어도 든든해요!
다이어트 먹템 추천 ① 소스 & 양념류

생고추냉이

생고추냉이를 먹기 좋게 잘 갈아 뚜껑이 달린 튜브팩에 담아 파는 제품들이 많이 있는데 먹고 다시 보관하기에도 좋아요. 생고추냉이는 클린한 식단에 조금만 곁들여도 꿀맛이라는 게 최대 강점이에요. 소고기를 구워 먹을 때 생고추냉이를 얹어 먹으면 풍미가 살아나듯이 닭가슴살이나 돼지 안심, 훈제오리에도 생고추냉이를 곁들여 먹으면 늘 먹던 거라도 질리지 않고 맛있게 먹을 수 있더라고요.

거기에 마른 김과 밥까지 동원하면, 초밥 먹고 싶은 날에 혀에게 잠시라도 행복감을 안겨 줄 수 있답니다. 물론 진짜 초밥이 아닌 트릭이지만요!

매운 무설탕 케첩

무설탕 케첩 중에 매운 맛이 첨가된 케첩이 있어요. 스리라차로도 매운 맛이 해소가 안 될 때 조금만 식단에 추가해 먹어도 '쏩–하!'를 외칠 만큼 톡 쏘는 매콤함이 매력적이에요. 소문난 맵찔이인 저는, 자극적인 맛이 필요할 때 무설탕 케첩에 조금 섞어 즐기기도 한답니다.

무설탕 잼

요즘은 무설탕 잼들이 굉장히 많아져서 해외직구로 구입해야 했던 예전에 비해 구입하기도 쉬워졌어요. 무설탕 잼은 과일의 당만 넣어 만들거나, 설탕 없이 대체 감미료로 만들어요. 저는 특히 딸기잼과 한라봉잼을 좋아하는데, 샌드위치 한 면에 듬뿍 바르면 달콤새콤한 맛이 포인트가 되기도 하고, 그냥 호밀식빵을 구워 발라 먹어도 그 자체로 행복감을 느낄 수 있지요. 특히, 카페에서 판매하는 에이드류가 생각나는 날에는 탄산수와 얼음에 무설탕잼을 넣어 다양한 맛의 에이드로 응용할 수 있어 활용 면에서도 아주 좋답니다.

생고추냉이

매운 무설탕 케첩

무설탕 잼

이거 하나만 있어도 든든해요!
다이어트 먹템 추천 ②식재료

저지방햄

돼지고기 저지방햄은, 여성 기준으로 끼니에 세 장 정도만 먹어도 단백질 섭취가 충분하고 지방 함량도 적어 의외로 착한 성분의 햄이에요! 그냥 구워 밥과 먹어도 맛있고, 샌드위치나 또띠아, 볶음밥 등 다양한 레시피에도 활용 가능한 게 큰 장점이지요. 닭가슴살햄에 질렸다면 저지방 돼지고기햄도 한번 시도해 보세요. 양이 너무 많다면 절반쯤 나눠 얼려 두었다가 먹기 전에 냉장 해동하여 먹으면 문제 없답니다.

닭가슴살캔

냉동닭가슴살과 생닭가슴살에 질렸다면, 닭가슴살캔으로 기분전환해 보세요. 결결이 찢어지는 보드라운 식감과 맛이 좋으며, 닭의 누린내도 전혀 없고 캔의 특성상 보관이 용이해요. 보통 1캔 당 354g 정도이니 여성 기준 두 끼에 나누어 먹으면 적당하답니다. 탄수화물 0g에 다양한 레시피에 응용하기도 좋아서 개인적으로는 냉동닭가슴살과 닭가슴살캔을 번갈아가며 먹는 것을 선호한답니다.

마른 김

조미김도 너무너무 맛있지만, 마른 김은 다이어트 할 때 절대 떨어트리지 않고 쟁여 두는 편이에요. 어디서든 흔하게 구할 수 있는 마른 김은, 다양한 레시피로도 활용하여 먹을 수 있지요. 저는 마른 김 2~3장을 가스불에 휘리릭 굽거나 굽지 않고 크게 4등분해서 밥, 닭가슴살(또는 다양한 단백질원)을 싸 먹기만 해도 정말 맛있더라고요. 다이어트 도시락을 싸서 다닐 때도 잘라서 지퍼백에 담아 함께 들고 다니며 식단과 곁들이기도 하고 간식이 당길 때 씹어 먹곤 했어요. 김은 식이섬유와 미네랄이 풍부해 다이어트나 피부 미용에도 참 좋답니다.
단, 간장양념을 너무 많이 찍어 먹으면 염분 과다니까 주의하세요!

호밀빵

빵순이 다이어터들에게 빵은 너무나 유혹적인 음식이에요. 빵을 포기할 수는 없고 건강과 다이어트는 생각해야 하니 호밀빵을 많이들 선택하는데 순수 탄수화물의 양과 당, 지방을 잘 살펴봐야지 안 그러면 무늬만 건강 빵일 수 있어요.
고구마 100g의 탄수 함량과 비슷한 25~30g의 탄수 함량에 당류가 거의 없고, 지방이 적은 호밀빵이라면 식단에 추가해도 무방해요. 빵 1개가 고구마 100g이라고 생각하고 양을 조절하여 먹는다면 행복한 빵순이 다이어터가 될 수 있겠죠?

저지방햄

마른 김

호밀빵

곤약면

곤약은 이제 모든 다이어터들이 알고 있는 다이어트 잇템이죠? 그럼에도 언급하는 이유는 곤약 제품의 진화를 소개하고 싶었기 때문이에요. 면 종류도 용도에 따라 굉장히 다양하게 세분화되어 있고, 재료도 곤약만 사용하지 않고 병아리콩, 메밀, 해초 등을 다양하게 섞어 더욱 건강하게 만든 제품들이 나오고 있답니다. 심지어 회 모양으로 썰린 곤약도 있다니 정말 놀랍죠? 회라고 상상하며 초장에 찍어 먹으면 살짝 착각을 할 정도랍니다.
곤약면 모양으로는 일반적으로 우리가 알고 있는 실처럼 얇은 곤약면 외에도 우동면, 메밀면, 넓적한 면, 파스타면 등 각종 요리에 사용할 수 있게 세분화되어 있어요. 형태와 식감이 각기 다르니 기분 전환하기에도 참 좋답니다.

퀵오트밀

오트밀은 귀리(오트)를 납작하게 압착시키거나 부순 것을 일컬어요. 오트밀의 종류는 귀리의 압착과 커팅 방법에 따라 나뉩니다. 귀리 껍질만 벗긴 통귀리 그대로의 '오트 그로츠(Oat groats)', 귀리 도정 중 발생하는 귀리 속 껍질(겨) '오트 브란(Oat bran)', 껍질을 벗긴 통귀리인 오트 그로츠를 2~3등분한 '스틸컷 오트밀(Steel cut oatmeal)', 돌에 갈아 만든 '스코티쉬 오트밀(Scottish oatmeal)', 귀리를 납작하게 압착한 '점보 오트밀(Jumbo oatmeal)', 압착 귀리를 잘게 커팅해 빠르게 조리되는 '퀵오트밀(Quick oatmeal)', 두께가 가장 얇은 '인스턴트 오트밀(Instant oatmeal)', 가루 형태로 만들어 베이킹에 잘 쓰이는 '오트밀 가루(Oatmeal flour)' 등이 있어요.
요리에 맞게 세분화해서 사용하면 좋겠지만, 바쁘다 바빠를 입에 달고 사는 다이어터 분들에겐 많은 양의 재료 관리도, 조리 시간이 오래 걸리는 오트밀도 부담이겠지요? 그래서 저는 다양한 오트밀 중 빠르게 조리가 가능하고 씹는 맛도 적당한 '퀵오트밀'을 추천해요. 물기를 빠르게 흡수해 불어나는 속도가 빨라 초간단으로 조리될 뿐 아니라 소화도 잘 된답니다.
오트밀은 식이섬유가 풍부해 쌀보다 포만감도 높아 식단에 이용하기에도 참 좋은 재료랍니다. 라미 레시피에도 퀵오트밀을 이용한 다양한 전, 죽, 베이킹 요리들이 있으니 꼭 한번 시도해 보세요.

이거 하나만 있어도 든든해요!

다이어트 먹템 추천 ③간식류

현미시리얼

요즘은 다이어터분들이 그래놀라를 많이 드시는데, 사실 그래놀라의 표시
사항을 잘 보면 설탕이 함유된 것들이 많아요. 반드시 영양성분표를 꼼꼼
하게 보고 구입해야 한답니다.

저는 오트밀은 평소 레시피로 잘 즐기기 때문에 식사 대용으로 시리얼을
먹을 때는 현미를 이용한 현미뻥튀기 느낌의 현미시리얼을 선호하는 편이
에요. 현미로 만들어서 그런지 먹고 나서 속도 더 편하게 느껴져요.

닭가슴살칩

단백질이 부족한 하루에 닭가슴살칩은 정말 최고의 간식이에요. 닭가슴
살을 건조시켜 과자처럼 만든 닭가슴살칩은 단백질 충전과 과자를 씹는
느낌을 주기에도 아주 좋은 간식이죠. 이왕 간식을 먹을 거라면 조금 더 나
에게 득이 되는 단백질 가득한 닭가슴살칩은 어떨까요?

현미시리얼

닭가슴살칩

무설탕 음료

이제는 모두가 건강에 신경 쓰는 시대! 무설탕 탄산음료가 다이어터나 운동하는 사람들에게만 인기 있던 예전과는 달리, 요즘은 대기업에서도 TV CF에 무설탕 탄산음료를 주력으로 광고할 만큼 당을 줄이려는 사람들이 늘어나고 있어요. 다이어터&헬시어터인 우리는 그보다 빠르게 무설탕 탄산음료를 접했지만, 더 많고 다양한 무설탕 음료가 나오고 있어서 소개해 봅니다.

가장 많이 알려진 무설탕 사이다 '나랑드'뿐만 아니라 '칠성사이다 제로', '스프라이트 제로', '브르르 제로' 등의 다양한 무설탕 사이다가 있고, '코카콜라 제로', '펩시 제로', '브르르 제로' 등의 무설탕 콜라가 있지요. 또한, 이온음료 중에도 무설탕 제품이 있는데 '이온더핏-제로'는 맛도 깔끔해서 운동 후 시원하게 마시면 정말 행복해져요. 그 외에도 요즘 제로 음료가 많은데, 제로칼로리라도 당을 넣어 만드는 경우가 있기 때문에 영양성분표를 꼭 확인하여 당류가 0g인 무설탕 제품으로 똑똑하게 골라 드시길 바랍니다.

무설탕 말차라떼

말차를 정말 좋아하는 저는 카페를 가면 말차라떼를 즐겨 마셨는데, 사실 다이어트 할 때 설탕이 가득한 말차라떼는 엄두도 낼 수 없는 메뉴잖아요. 그런데 어느 날 무설탕 말차라떼인 슈퍼말차라떼를 만나게 되었지요. 당이 없는 말차라떼파우더라 다양한 레시피에도 응용 가능하고, 저지방우유나 두유, 아몬드유와 간단히 타 마시기만 해도 행복 충전되는 소중한 간식이랍니다.

식단 만들 때 있으면 좋은 조리기구

전자저울

눈금저울보다는 전자저울을 추천합니다. 눈금저울은 고장이 쉽고, 눈금이 애매하게 보이는 경우가 있어 정확하지 않거든요. 전자저울의 숫자를 눈으로 확인하여 양을 인지하는 것이 좋습니다. 생각보다 저렴한 가격에 전자저울을 판매하고 있으니, 다이어트를 시작한다면 꼭 준비해야 할 필수템이에요.

전자레인지용 찜기

가스레인지에 올려 찜을 해도 좋지만, 전자레인지용 찜기가 있다면 시간이 2~3배 단축될 만큼 간편하답니다. 브로콜리를 데치거나, 고구마나 단호박 등을 삶을 때도 좋고, 오트밀죽이나 전자레인지 조리가 가능한 요리들의 조리 시간을 단축해 주지요.
다이어트 하면 식단을 챙기는 시간이 은근히 많이 드는데, 그 시간마저 아껴야 다른 일상에 방해가 되지 않을 테니 시간을 소중히 하는 분들이라면 더더욱 필수템이에요. 다양한 크기와 모양으로 많이 판매하고 있으니 개인의 취향과 용도에 맞게 구매해 보세요.

핸드믹서(블랜더)

꼭 핸드믹서가 아니어도 괜찮지만, 핸드믹서 하나면 여러모로 쓰임이 많답니다. 전자거품기로도 활용할 수 있어 프로틴빵을 만들 때 머랭도 쉽고 빠르게 만들 수 있어 좋고, 냄비에 끓여 만드는 죽이나 스프를 만들 때에도 용기에 따로 덜어 갈지 않고 바로 갈아 설거짓거리를 줄이는 장점도 있답니다. 특히 다이어트 하며 스무디나 주스도 많이 만들 텐데, 하나 가지고 있다면 다양하게 사용이 가능하고 세척도 편리해 좋아요!

달걀 슬라이서

삶은 달걀을 빠른 시간 안에 예쁘고 깔끔하게 커팅할 수 있어 샐러드 위에나 샌드위치, 또띠아 속에도 보기 좋게 세팅할 수 있어 좋아요. 가지고 있어도 짐이 되지 않을 만큼 작은 크기의 조리기구라는 것도 아주 큰 장점입니다.

와플팬

SNS나 인터넷, 유튜브에서 조금만 검색해 봐도 와플팬을 이용한 기상천외하고 다양한 레시피들이 많이 있어요. 다이어트 식단을 하며 지루한 부분을 와플팬이 재미있게 해줄 수 있답니다. 저는 볶음밥을 만들어 냉동했던 것들을 해동해 와플팬에 눌러 누룽지로 즐기거나, 다이어트용 시판 핫도그나 만두를 와플팬에 눌러 구워 먹는 걸 좋아해요. 또, 제 레시피 중에 오트밀 와플(136쪽)도 있으니 와플팬으로의 재미나고 새로운 도전 어떠신가요?

다이어트 식단 더 예쁘게 담고 싶은 욕망
도시락통 & 식기 어떻게 고르나요?

도시락통

도시락통은 냉동과 전자레인지 사용이 가능한 것이 좋아요. 밀프랩 후 냉동을 하고 다시 해동해 따뜻하게 전자레인지에 데워 먹을 수 있어야 하기 때문이죠! 도시락을 싸서 바로 먹는 거라면 이런 기능이 필요 없겠지만, 보통 도시락을 싸는 다이어터들은 세 끼니 또는 두 끼니의 도시락을 싸기 때문에 바로 먹을 수 없어요. 그렇다고 싸늘하게 식어버린 도시락을 먹는 건 너무 슬픈 일이니 따뜻하게 먹는 메뉴는 데워 먹을 수 있도록 꼭 전자레인지 사용이 가능한 것으로 준비하세요.

눈으로 보고 직접 고르면 크기를 가늠하고 구입하겠지만, 인터넷으로 보고 구입할 경우 사이즈 실수를 하는 일이 많아요. 저도 과거에는 너무 작거나 너무 큰 걸 구입한 실패 경험이 많답니다. 너무 작으면 내가 먹을 양이 다 안 담기고, 너무 크면 똑같은 양을 넣어도 밥이 너무 적어 보이고 부피도 커서 들고 다니기도 어렵더라고요.

여성 기준으로 800~900ml 용량의 도시락통이면 닭고야(닭가슴살, 고구마, 야채)를 담거나 샐러드, 볶음밥, 파스타 등 일품메뉴를 담기에 적당한 사이즈예요. 샌드위치를 담으려면 도시락통의 높이가 7~9cm 이상인 것을 선택하면 샌드위치를 싸고 반으로 잘랐을 때 단면이 보이도록 담을 수 있어요. 크기는 속재료를 넣기 나름이기 때문에 속이 푸짐한 뚠뚠이 샌드위치를 기준으로 가로 14cm × 세로 20cm 정도라면 딱 알맞게 들어갈 수 있는 도시락통 사이즈가 될 거예요.

플레이트

보통 지름 20~25cm 원형 접시를 구입하는 편이에요. 20cm 정도의 플레이트에 볶음밥, 면 등을 단독으로 담았을 때, 꽉 차고 소복하게 담겨 양이 푸짐해 보이는 효과를 주어요!

20~25cm 정도의 플레이트는 브런치 또는 한식(밥, 반찬)을 담아 먹기 좋은 사이즈예요. 브런치나 한식의 경우에는 여러 가지 종류를 담아 먹으니 조금 더 넉넉한 사이즈여야 보기 좋고 편하게 담아 먹을 수 있답니다. 브런치로 예를 들면 가장 기본인 빵, 샐러드, 달걀, 소시지 등만 담는다고 해도 자리 차지가 많은 편이니까요.

각각의 음식이 섞이는 것이 싫다면 조금이라도 칸이 나뉜 식판형 플레이트를 추천해요. 영양사 출신이라 식판이 익숙한 저는 집에서도 식판형의 플레이트를 자주 사용해요. 양을 정해서 딱 담고 먹기에도 좋고 설거지도 편리하니 다이어트 중 귀찮음까지도 해결된답니다.

건강을 위해 안전한 소재의 식기를 고르는 것은 필수!

기분을 위해서 모양이 예쁜 걸 고르는 것도 잊지 마세요.

좀 더 먹음직스럽게 먹기!
소시지 칼집 내는 법

소시지는 칼집 모양과 간격에 따라 다양한 모양을 만들 수 있어요. 사실 '굳이 칼집까지 내?'라고 생각할 수 있지만 도시락 뚜껑을 딱 열었을 때 보기 좋은 식단을 보면 기분도 좋아지고 식단 할 맛이 난다는 생각을 정말 많이 하거든 요. 음식은 눈으로도 먹는다고 하잖아요? 똥손들도 몇 번의 칼집만으로 먹음직스러워 보이는 소시지 구이를 만들 수 있으니 참고하여 나 자신에게 예쁜 식단을 선물해 보세요.

✦ 일자형 : 가로 방향 일자로 칼집을 낸다.
✦ 대각선형 : 대각선으로 칼집을 낸다.
✦ X자형 : 대각선으로 칼집을 내고 다시 반대 대각선으로 칼집을 내 X자형을 만든다.

* 칼집의 깊이는 소시지의 1/3만큼만 넣어야 소시지가 익어도 휘어지지 않아요. 소시지를 자연스럽게 휘어지게 만들고 싶다 면 소시지의 1/2만큼의 깊이로 깊게 칼집을 넣어주세요. 단, 깊은 칼집은 소시지가 잘릴 위험이 있으니 절대 집중!

칼집 낸 모양

칼집 후 구워낸 모양

라미 레시피
양념장&소스&육수 황금비율

레시피에 사용한 소스와 양념장, 육수의
재료만 따로 정리해 모았어요.
각자의 입맛과 그때그때 재료와 양에 따
라 비율은 조금씩 달라져도 괜찮아요. 다
만 염분 섭취를 줄이고 싶다면 간장의 양
은 크게 늘리지 않기를 추천 드려요.
기본적인 양념장의 비율을 알아 두시고,
다양한 요리에 나만의 양념으로 활용해
보세요.

간장 양념장(덮밥, 비빔밥용)

간장 1큰술, 고춧가루 0.3큰술, 참기름 0.3큰
술, 참깨 약간

#두부달래덮밥(148쪽) #묵비빔밥(170쪽)

간장 1.5큰술, 물 1큰술, 고춧가루 0.5큰술, 들
기름 0.5큰술, 참깨(재료양이 많을 때)

#숙주나물밥(74쪽)

상큼 겨자 소스

간장 1큰술, 식초 2큰술, 물 1큰술, 연겨자 0.5
큰술, 올리고당 0.3큰술

#가지덮밥(144쪽)

염분 적은 찍먹 간장

+ 새콤한 버전 : 진간장 0.5큰술, 물 0.5큰술,
  식초 0.3큰술, 고춧가루 약간, 참깨 약간
+ 고소한 버전 : 진간장 0.5큰술, 물 0.5큰술,
  참기름 0.3큰술, 고춧가루 약간, 참깨 약간

#오트밀파전(224쪽) #오트밀김치전(216쪽)
#오트밀배추전(232쪽)

쯔유 소바 육수

물 1½컵, 간장 1/3컵, 스테비아 1큰술, 양파 40g, 청양고추 1개, 대파 약간

#곤약메밀소바(186쪽)

묵밥 육수

물 1½컵, 간장 1큰술, 액젓 1큰술, 식초 2큰술, 알룰로스 1큰술

#묵밥(142쪽)

김치 베이스 육수

김치 60g, 물 2컵, 김치국물 5큰술, 식초 2큰술, 올리고당 1큰술, 액젓 1큰술, 고춧가루 0.5큰술, 소금 약간, 참깨 약간

#김치말이국수(246쪽)

수제비 육수

물 3½컵, 건표고버섯 8g, 국간장 1큰술, 액젓 0.3큰술, 다진 마늘 0.3큰술, 소금 약간, 후춧가루 약간

#라이스수제비(250쪽)

고추기름

고춧가루 1큰술, 다진 마늘 0.5큰술, 올리브유 2큰술, 대파 약간

#닭개장(94쪽)

탕수육 소스

물 1/2컵, 간장 1큰술, 알룰로스 1큰술, 식초 1큰술, 전분물(물 1큰술 + 전분 1큰술)

#탕수육(182쪽)

쫄면 양념장

고추장 1큰술, 식초 1큰술, 알룰로스 0.5큰술, 고춧가루 0.5큰술, 간장 0.3큰술, 다진 마늘 0.3큰술, 참깨 약간, 참기름 약간

#실곤약콩나물쫄면(252쪽)

가족과 두고두고 함께 먹는, 저염 저당 김치와 반찬

다이어트 하면 김치랑 반찬은 못 먹는다고요? 아뇨, 먹을 수 있답니다. 라미 레시피와 함께라면요.

저는 밥은 적게 먹어도 반찬을 밥보다 많이 먹는 '반찬파'라서 다이어트를 할 때에도 식단에 김치나 반찬 하나는

곁들여야 식사를 한 기분이 들더라고요. 그래서 만들게 된 특별한 김치와 반찬 레시피예요.

. . . . 다이어터뿐 아니라 가족들도 함께 라미표 저염 저당 김치와 반찬으로 건강 식단을 챙겨 보아요.

당뇨환자에게도 좋은 온 가족 반찬

보라 피클

숙성	기한	소요시간
1일	한 달	15분

준비 재료

| 주재료 |

적양배추 1/4개(400g)
비트 180g
양파 1개(200g)
청양고추 4개

| 양념 |

물 3컵
스테비아 2/3컵
식초 2/3컵
소금 2큰술
피클링스파이스 1/3큰술
(또는 통후추 0.3큰술)

요즘 전 세계적으로 주목받고 있는 '파이토케미컬'은 식물이 스스로를 보호하기 위해 만들어 내는 화학물질로, 세포 손상을 억제하거나 항산화 작용 등을 해요. 주로 붉은색, 주황색, 노란색, 보라색, 녹색 등의 색을 띠는 과일이나 채소에 많이 들어 있어요. 색깔마다 들어 있는 파이토케미컬의 종류와 효능이 다른데, 보라색 식물에 들어 있는 '안토시아닌'은 강력한 항산화 작용과 혈관질환 예방 및 개선, 인슐린 생성량 증가를 돕는 기능을 해서 다이어터와 당뇨 환자들에게 좋아요. 보라색 재료들로 만든 '보라 피클'은 극한의 다이어트를 할 때 심심한 식단에 곁들이면 음식의 맛을 살리고 입을 개운하게 해준답니다.

1   유리병(1~1.5L 용량)은 찬물에 뒤집어 넣어 끓이기 시작해서 끓는 물에 30초 이상 열탕 소독 후 자연 건조한다.

2   비트는 껍질을 제거한 뒤 나박썰기를 하고, 적양배추와 양파는 비슷한 크기로 썬다. 청양고추는 송송 썬다.

3   냄비에 모든 양념을 다 넣고 한소끔 끓여 배합소스를 만든다.

4   썰어 둔 채소를 모두 섞어 유리병에 넣은 뒤 배합소스를 부어 냉장고에 하루 숙성 후 완성.

✦   피클링스파이스가 없으면 통후추 0.3큰술, 월계수잎 2장 정도를 함께 끓여도 좋고 없으면 물과 소금, 식초, 스테비아만으로도 충분히 상큼하고 단 피클 맛이 나요.

✦   뜨거운 상태의 배합소스를 넣어야 아삭한 식감의 피클을 만들 수 있어요. 건더기를 다 건져 먹은 후에는 배합소스를 다시 끓여 양파나 양배추를 썰어 넣고 한 번 더 재사용할 수 있어요.

✦   비트의 색감이 너무 부담스럽다면, 적양배추 대신 양배추를 이용해도 좋아요. 양배추를 사용해도 충분한 색감과 맛이 나옵니다.

✦   냉장 상태에서 한 달 정도 보관 가능해요.

지루한 닭고야도 꿀맛 식단으로 바꿔 주는 건강 김치

배추겉절이

소요시간
40분

준비
재료

| 주재료 |

배추 1포기(약 1.5kg)
대파 2대

| 양념 |

고춧가루 8큰술
액젓 2큰술
굵은소금 1.5큰술
알룰로스 1큰술
스테비아 0.5큰술
통깨 1큰술
다진 마늘 1큰술
다진 생강 0.3큰술

잘 익은 김장김치도 맛있지만, 가끔은 갓 담가 아삭한 배추겉절이가 당기는 날도 있지요? 저는 다이어트 식단을 하는 동안, 듬뿍 들어간 양념 때문에 좋아하는 겉절이를 마음껏 먹을 수 없어 너무 아쉬웠어요. 그래서 이번 책에는 다이어트 식단에 곁들일 수 있는 김치를 꼭 넣고 싶었답니다.

풀도 쑤어서 넣고, 더 다양한 양념도 쓰고 싶었지만 정말 최소한의 종류와 양으로 김치 맛을 낼 수 있도록 레시피를 간소화했어요. 그렇게 해서 누구나 쉽고 빠르게 실패 없이 만들 수 있는 라미표 저염 저당 김치가 탄생했어요. 배추가 제철인 가을에 담그면 더 맛있고, 제철이 아니어도 입맛이 없을 때 만들어 먹으면 평범한 닭고야도 꿀맛 식단으로 바꿔 주는 건강 김치랍니다.

1   배추는 깨끗이 씻고 4등분한 후 밑동을 제
    거하고, 한입 크기로 어슷썰기 하여 준비
    한다.

2   대파는 어슷썰기 한다.

3   큰 볼에 배추와 소금을 넣어 잘 섞어 30분
    간 절인다.

4   절인 배추에서 생겨난 물을 제거한 뒤 소
    금을 제외한 모든 양념과 대파를 넣어 배
    추에 고루 묻도록 섞어 완성한다.

✦   참기름 향을 좋아하는 분들은 먹기 직전에 겉절
    이를 먹을 만큼 덜어 참기름을 조금 뿌려도 맛있
    어요. 장기 보관하는 김치는 참기름을 넣어 보관
    하면 기름이 산패하여 맛이 떨어져요. 꼭 먹기 직
    전에 곁들여 드세요.

✦   대파 대신 부추나 쪽파를 넣어 색감과 맛을 내도
    좋습니다.

지금까지 이런 맛은 없었다! 건강한 단짠단짠

저염 저당 마약 달걀장

숙성 반나절 | 기한 3~4일 | 소요시간 20분

준비 재료

| 주재료 |

달걀 10개
청양고추 2개
대파 1대

| 양념 |

간장 1컵
물 1컵
알룰로스 1/2컵
참깨 2큰술
식초 1큰술
참기름 1큰술
다진 마늘 1큰술
소금 한 꼬집

'마약 달걀장' 하면 누구나 입맛을 다실 만큼 너무나 유명한 집밥 메뉴죠? 밥에 달걀장 2개 척 올려 으깨서 슥슥 비벼 김치와 곁들여 먹으면 행복한 식사 뚝딱이라, 저 역시 정말 사랑하는 메뉴 중 하나예요.
하지만 기존의 마약 달걀장은 염분과 당분이 너무 많아 다이어터가 먹기에는 부담스러워요. 그래서 가족 모두의 건강을 생각한 라미표 저염 저당 마약 달걀장을 만들었어요.
반숙 달걀에 단짠 간장양념이 쏘옥 배어들어 밥에 얹어 덮밥으로 먹어도 좋고 샐러드 위에 드레싱 대신 곁들여도 좋아요. '마약 달걀장'이라는 이름 그대로 중독되는 건 시간 문제!

1   청양고추와 대파는 잘게 다진다.

2   찬물에 달걀을 넣고 소금과 식초를 넣어
    끓인다. 기포가 생기기 시작하면 숟가락
    을 이용해 한 방향으로 30초 휘저은 뒤 물
    이 끓어오르면 6분가량(완숙을 원하면
    8~9분) 삶는다.

3   보관 용기에 소금과 식초를 제외한 모든
    양념과 청양고추, 대파를 넣어 섞는다.

4   껍질을 깐 삶은 달걀을 넣고 냉장고에서
    반나절 이상 숙성하면 완성.

✦   삶은 달걀은 찬물에 담가 식히면 껍질을 제거하
    기 좋아요.

✦   달걀장 3~4개를 밥 위에 올리고 양념을 끼얹으면
    세상 간편한 덮밥이 됩니다.

✦   완성 후 3~4일 안에 섭취해야 맛있게 먹을 수 있
    어요. 수분이 함유된 대파가 간장에 들어가면 염
    도가 낮아져 상하기 쉬우므로 재사용은 추천하지
    않아요!

나박나박 썰어서 아삭아삭한

콜라비 깍두기

기한
2주

소요시간
20분

준비
재료

| 주재료 |

콜라비 2개
양파 1/2개(100g)
대파 1대

| 양념 |

물 1/2컵
고춧가루 4큰술
액젓 1큰술
소금 1큰술
올리고당 1큰술
다진 마늘 1큰술
다진 생강 0.3큰술

콜라비를 깎아 생으로, 건강 간식으로만 먹었다면 이제부터는 콜라비 깍두기의 매력에 빠져 보세요.

독일어 Kohl(양배추)과 rabic(순무)의 합성어인 콜라비(kohlrabi)는 순무의 아삭한 식감과 양배추 특유의 달달함이 있어 다이어터들의 간식으로도 큰 사랑을 받고 있지요. 또한 비타민, 무기질이 풍부하고 열량이 낮아 건강식으로도 좋은 재료랍니다.

이렇게 아삭하고 달달한 콜라비로 깍두기를 담가 먹으면 얼마나 맛있을지 상상이 되시나요? 갓 담가도 맛있고, 익혀 먹어도 매력적인 콜라비 깍두기 꼭 담가 드셔 보세요!

1 콜라비는 껍질을 깎아 한입 크기로 나박
  썰기 한다.

2 양파는 콜라비 크기로 썰고, 대파는 어슷
  하게 썬다.

3 모든 양념을 섞어 깍두기 양념을 만든다.

4 큰 볼에 콜라비, 양파, 대파, 깍두기 양념
  을 넣고 고루 버무려 완성한다.

✦ 콜라비가 제철인 11~12월에는 껍질이 연해서 보
  라색 껍질을 벗기지 않고 깨끗이 씻어 그대로 나
  박썰기 하여 담가 먹으면 색감도 더 예쁘고 식이
  섬유도 풍부해요.

✦ 콜라비를 넓적하고 얇게 써는 이유는, 절이는 과
  정을 생략하고 양념이 더 잘 배게 하기 위해서예
  요. 절이지 않기 때문에 숙성이 필요 없고, 2주 정
  도까지는 냉장 보관하여 먹어도 맛있답니다.

갓 담그면 시원한 맛, 익으면 새콤한 맛이 일품!

오이부추김치

숙성
1~4일

소요시간
40분

준비
재료

| 주재료 |

오이 5개
부추 1/2단
양파 1개(200g)
대파 1대

| 양념 |

물 4컵
고춧가루 5큰술
굵은소금 3큰술
액젓 1큰술
스테비아 0.5큰술
올리고당 0.5큰술
다진 마늘 1큰술
다진 생강 0.3큰술

오이부추김치는 김장김치를 실컷 먹다가 질릴 즈음 담가 먹는 봄여름 김치예요. 봄과 여름 사이가 제철인 오이와 부추로 김치를 담가 맛도 좋고 영양소도 더 풍부해요. 보통은 오이와 부추를 이용해 오이소박이를 만드는데, 소박이의 소를 넣는 것이 살짝 번거롭고 귀찮잖아요. 재료들을 마구 썰어 살살 버무려 먹으면 오이소박이의 시원한 맛이 가득한 김치를 먹을 수 있지요.

무엇보다 라미만의 저당 양념 황금레시피로 만들어 더 건강하게 다이어트 식단에도 곁들일 수 있는 오이부추김치랍니다. 갓 담가 먹으면 시원한 맛이 일품이고, 새콤하게 익으면 실곤약에 말아 오이김치국수로도 응용해 먹을 수 있어요.

1   오이는 깨끗이 씻어 약 1~1.5cm 두께로 도
    톰하게 썬다.

2   물 4컵에 굵은소금 2큰술을 넣고 끓여 소
    금이 녹으면 뜨거운 상태로 오이에 부어
    절인다. 20분 후 찬물로 헹궈 물을 모두 따
    라 버린다.

3   부추는 4cm 정도 길이로 자르고, 양파는 깍
    둑썰기, 대파는 어슷썰기 하여 준비한다.

4   굵은소금 1큰술, 고춧가루, 액젓, 스테비
    아, 올리고당, 다진 마늘, 다진 생강을 섞
    어 김치 양념을 만들고 준비한 모든 재료
    를 넣어 버무려 완성한다.

✦   부추는 오래 버무리면 풋내가 날 수 있으니 살살
    버무려 완성해요.

✦   뜨거운 소금물에 절이면 아삭한 오이의 식감을
    즐길 수 있어요.

✦   바로 먹어도 맛있지만, 조금씩 익혀 가며 날마다
    새로운 맛을 보는 것도 좋아요. 봄여름에는 1~2
    일간, 날씨가 쌀쌀할 때는 3~4일간 실온 숙성 후
    냉장 보관하세요. 각자 입맛이 다르니까 중간 중
    간 맛을 보고 원하는 정도로 익었다 싶을 때 냉장
    보관하면 됩니다. 오이는 쌀쌀한 계절에는 씁쓸
    한 맛이 날 확률이 높아서, 수분 가득 맛있는 오이
    를 즐길 수 있는 봄여름 김치로 추천합니다.

고급 일식당 부럽지 않은 미친 비주얼과 꿀맛 보장!

연어장

숙성	기한	소요시간
3시간	2~3일	15분

준비
재료

| 주재료 |

생연어 400g
양파 1/2개(100g)
레몬 1/2개

| 양념 |

물 1컵
간장 1/2컵
미림 2큰술
올리고당 1큰술
스테비아 0.5큰술

저는 연어회는 잘 못 먹는데, 새우장이나 간장게장을 좋아해서 그런지 의외로 연어장은 입에 잘 맞더라고요. 고추냉이를 곁들인 밥에 얹어 초밥이나 덮밥처럼 먹으니 일식당 부럽지 않은 맛과 퀄리티였어요. 비주얼은 말할 것도 없고 홈파티 음식이나 접대용으로도 손색없는 메뉴랍니다.

염분과 당분을 줄인 간장양념 배합은 저만의 꿀조합으로 연어장만 먹어도 짜지 않아요. 사 먹는 연어장은 가격도 비싸고 염분과 당분이 많아 먹으면서도 마음이 불편했는데 직접 만들어 먹으니 꿀맛 보장에 건강까지 챙길 수 있어 정말 추천합니다.

1   연어는 얇게 썰거나 깍둑썰기 한다. 레몬
    은 껍질을 깨끗이 씻어 얇게 썰고, 양파는
    채 썰어 준비한다.

2   모든 양념을 넣고 스테비아가 녹을 만큼
    끓인 후 완전히 식힌다.

3   보관 용기에 연어를 담고, 양파와 레몬을
    얹는다.

4   식혀 둔 간장을 부어 냉장고에서 3시간 숙
    성하면 완성.

✦   연어가 변질될 수 있으니 2~3일 이내에 꼭 섭취
    하세요.

✦   생연어가 아닌 훈제연어나 냉동연어로는 만들 수
    없답니다.

✦   미림이 없다면, 소주나 청주 1큰술에 물 1큰술을
    희석해서 사용하세요.

아이들도 맵찔이도 기분 좋게 먹을 수 있는

백김치

숙성
1~5일

소요시간
40분

준비
재료

| 주재료 |

알배추 1포기(1kg)
무 1/3개(400g)
당근 100g
대파 1대

| 양념 |

굵은소금 3.5큰술
다진 마늘 1큰술
다진 생강 0.3큰술
스테비아 0.5큰술

처음 다이어트를 시작했던 고등학생 시절, 김치가 먹고 싶지만 먹으면 안 될 것 같아서 빨간 양념을 씻어 내고 먹었던 기억이 있어요. 성인이 되어 다이어트를 할 때에도 김치 양념이 다이어트를 방해할 것 같아서 씻어 먹곤 했답니다. 사실 요즘은, 운동을 병행하는 건강한 다이어트 식단에는 어느 정도의 양념은 허용하고 있죠. 그렇다고 해도 여전히 소량의 양념마저 부담스럽고 걱정되는 다이어터들을 위해 최소한의 양념으로 맛을 낸 라미표 백김치 레시피를 소개합니다!

담백하고 심심한 맛으로 다이어트 할 때도 부담 없이 즐길 수 있고, 아이들이나 맵찔이들도 개운하게 먹을 수 있는 게 큰 장점이에요. 그 맛에 비해 만드는 법은 너무 쉬우니까 꼭 도전해 보세요!

1   알배추는 세로로 4등분한 뒤 잎 사이사이에 굵은소금 2큰술을 조금씩 나누어 뿌려 30분간 절인다.

2   무와 당근은 채 썰고, 대파는 어슷썰기 하여 준비한다.

3   손질한 무, 당근, 대파에 굵은소금 1.5큰술, 다진 마늘, 다진 생강, 스테비아를 넣고 잘 버무려 김치소를 만든다.

4   절인 배추는 물에 깨끗이 씻어 건지고 적당히 물기를 제거한 뒤 잎 사이사이에 김치소를 넣어 통에 담아 익힌다.

✦ 날씨가 따뜻한 봄, 여름에는 실온에서 1일 숙성 후 냉장 보관하고, 찬 바람이 불기 시작하는 가을에는 실온에서 2~3일간 숙성, 기온이 뚝 떨어지는 겨울에는 실온에서 4~5일 숙성 후 냉장 보관하면 맛있는 백김치를 먹을 수 있어요.

✦ 봄, 여름에는 30분 정도 절이면 충분하지만 가을, 겨울에는 40분으로 절이는 시간을 늘려주세요.

✦ 익은 백김치는 송송 썰어 참기름과 참깨를 넣어 무쳐 새로운 반찬으로 즐겨도 좋고, 면두부나 실곤약을 함께 비벼 먹으면 담백한 백김치비빔국수로 별미를 즐길 수 있어요.

깻잎은 향긋~ 양배추는 아삭~

양배추 깻잎 장아찌

숙성
1일

소요시간
20분

준비
재료

| 주재료 |

양배추 1/4개(700g)
깻잎 3묶음

| 양념 |

물 1 1/2컵
간장 1컵
식초 2/3컵(2배식초는 1/2컵)
스테비아 1/2컵
알룰로스 2큰술
액젓 1큰술

양배추 깻잎 장아찌는 제가 10년 이상 담가 먹은 메뉴예요. 예전에는 설탕으로 맛을 내어 먹었던 날이 더 많았어요. 하지만 건강한 다이어트를 시작한 이후에는 설탕 대신 스테비아와 알룰로스로 단짠 새콤 장아찌 맛을 제대로 살려냈답니다.

이 메뉴는 캠핑을 가거나 펜션으로 놀러갈 때 바비큐 파티 반찬으로 많이 싸 갔던 메뉴예요. 만들어서 바로 들고 떠나면 먹을 때쯤엔 숙성이 알맞게 되어 있죠.

양배추 사이사이 깻잎 향을 가득 머금어 향긋하고 아삭한 맛이 매력이에요. 두둑하게 담가 두고 식단에 곁들이면 심심한 식단에 포인트가 되어 줄 거랍니다.

1 양배추는 씻어 밑동을 제거하고 한 장 한 장 떼고, 깻잎은 씻어 둔다.

2 밀폐 용기에 양배추-깻잎-양배추-깻 잎 순으로 번갈아 쌓아 담는다.

3 모든 양념을 넣고 한소끔 끓인다.

4 양배추와 깻잎을 담은 통에 양념을 부은 뒤 무거운 접시로 눌렀다가 뚜껑이 닫히 면 꽉 닫아 냉장고에서 하루 동안 숙성하 여 완성.

✦ 깻잎과 양배추 사이에 얇게 썬 양파를 넣어도 맛 이 좋아요. 매콤한 맛을 좋아한다면 청양고추를 2개 정도 송송 썰어 넣어 보세요.

✦ 먹을 만큼 꺼내어 한입 크기로 잘라 두면 적당량 먹을 수 있고 먹기에도 편해요.

찬 바람이 솔솔 불어오는 가을에 영양 가득

무생채

기한
2주

소요시간
15분

준비
재료

| 주재료 |

무 1/2개(600g)
대파 1대

| 양념 |

굵은소금 1큰술
고춧가루 3큰술
다진 마늘 1큰술
다진 생강 0.2큰술
액젓 0.5큰술
스테비아 0.3큰술
통깨 0.3큰술

'가을무는 인삼보다 좋다'는 옛말이 있을 만큼 가을에 수확한 무는 영양이 풍부하다고 해요. 소화효소인 아밀라아제, 디스타아제 등이 풍부하고, 비타민도 더 많아요. 찬 바람이 불어오는 가을이 되면 무 하나 사서 달고 시원한 무생채를 만들어 보세요. 꼭 가을이 아니라도 다이어트용으로 적합한 초간단 무생채 레시피를 준비했으니 다이어트 식단에 곁들여 보세요.

잡곡밥 100~130g에 무생채를 가득 넣고 들기름 한두 방울 넣어 쓱쓱 쓱쓱 비비고, 달걀프라이 하나 척 얹어 먹으면 유명 맛집 생채비빔밥 못지않게 맛도 좋고 3대 영양소 고루 갖춘 영양 듬뿍 식단으로도 즐길 수 있어요.

1 무는 깨끗이 씻어 채칼로 밀거나 채썰기
   를 한다.

2 대파는 어슷썰기 한다.

3 큰 볼에 무, 대파를 담고 모든 양념을 넣어
   고루 섞이도록 잘 버무려 완성.

✦ 냉장 보관으로 2주가량 두고 먹을 수 있어요. 먹을 만큼의 양을 덜어 참기름 한두 방울 추가해 그때그때 무쳐서 먹으면
   감칠맛이 더 돌아요. 미리 참기름을 넣어 무쳐 두면 기름이 산패하여 불쾌한 냄새가 날 수 있으므로 처음엔 기름 없이
   무치는 것을 권해요.

✦ 새콤한 무생채를 좋아한다면 식초 1~2큰술을 추가하면 됩니다.

✦ 양파 1/2개를 채썰기 하여 추가하거나 부추, 쑥갓, 미나리 등을 곁들여도 좋아요.

무더운 여름, 야금야금 즐기는

토마토 유자 절임

숙성	기한	소요시간
1시간	1주일	25분

준비
재료

| 주재료 |

방울토마토 500g

| 양념 |

유자청 2큰술
물 1큰술
소금 한 꼬집

일본 여행을 하며 먹어 보았던 토마토 유자 절임! 요즘은 한국의 선술
집이나 일본 가정식을 판매하는 식당에서도 볼 수 있는데, 생각보다
흔하지 않은 유니크한 메뉴랍니다. 너무너무 먹고 싶어 혼자 생각해
낸 레시피로 만들어 보았는데, 맛도 꽤 비슷하고 정말 맛있더라고요.
유자청 때문에 당분에 자유롭지 못한 메뉴지만 간식이나 식단에 5개
곁들이는 정도는 가능해서 소개해요.
저는 한 알씩 먹으려고 조금은 손이 가더라도 방울토마토로 만들었지
만, 큰 토마토를 껍질을 제거한 후 먹기 좋은 크기로 썰어 더 간편하고
빠르게 만들어도 맛은 같으니 어려워 말고 꼭 한번 만들어서 온 가족
이 함께 달달 상큼함을 느껴 보세요.

1 토마토는 깨끗이 씻어 꼭지를 제거하고 십자로 칼집을 낸다.

2 끓는 물에 약 30초간 데친 뒤 찬물에 헹궈 껍질을 제거한다.

3 물, 유자청, 소금을 잘 섞어 유자소스를 만든다.

4 껍질을 제거한 토마토에 유자소스를 끼얹어 냉장고에 1시간 이상 재운 뒤 먹는다.

✦ 토마토 유자 절임은 차게 먹는 것이 맛있어요. 냉장 보관 후 1주일 안에 모두 섭취하세요.

✦ 토마토는 생으로 섭취하는 것보다 열을 가해 먹는 것이 리코펜 흡수율을 높일 수 있어요. 리코펜은 붉은색 채소나 과일에 많이 함유된 카로티노이드 색소의 한 종류로 항산화물질이 풍부해요.

맛궁합, 영양궁합 완벽한

두부 김치말이 찜

분량
1인분

소요시간
20분

준비
재료

| 주재료 |

묵은지 4장
두부 1/2모(150g)
돼지고기(등심 슬라이스) 100g
양파 1/4개(50g)

| 양념 |

물 4큰술
알룰로스 1큰술
들기름 1큰술
다진 마늘 0.3큰술
소금 한 꼬집
후춧가루

두부와 김치의 조합은 한국인이 사랑하는 꿀조합 베스트에 꼭 들어갈 최고의 조합이에요. 맛궁합, 영양궁합이 완벽해서 다이어트 하면서 따뜻한 두부와 잘 익은 김치만 썰어 먹는 분들도 많더라고요. 하지만 아주 작은 정성 한 스푼만 더하면 더 영양가 있고 맛있고 그럴싸한 찜 요리를 만들 수 있어서 레시피를 소개하게 되었어요. 돼지고기를 추가해 단백질을 더 섭취할 수 있고, 다이어트를 하지 않는 가족들과도 맛있게 즐길 수 있는 꿀맛 보장 초간단 요리랍니다.

저는 탄수화물을 많이 먹은 다음 날 밥 없이 두부 김치말이 찜만 먹기도 하고, 잡곡밥 100~130g에 곁들여 밥 반찬으로도 먹어요. 전자레인지에 짧게 조리하지만, 깊고 오래된 시골밥상 맛이 난답니다.

1 두부는 4등분하고, 양파는 채 썬다.

2 등심 슬라이스에 두부를 넣어 말고 소금과 후춧가루로 밑간한다.

3 김치 위에 고기로 만 두부를 얹고 돌돌 말아 감싼 후 2등분한다.

4 전자레인지용 찜기에 양파를 깔고 김치말이를 넣은 뒤 물, 다진 마늘, 알룰로스, 들기름을 섞어 만든 양념을 넣고 뚜껑을 닫아 전자레인지로 7분간 찐다.

✦ 등심 슬라이스 100g을 4등분하여 약 25g씩을 이용하여 두부가 다 감싸질 정도로 말아 주세요. 저는 3~4장씩 이용해 두부를 말았어요.

✦ 전자레인지용 찜기가 없다면 그릇에 담고 랩을 씌운 뒤 젓가락으로 구멍을 뚫어 조리하면 돼요.

✦ 3번 과정에서 2등분하지 않고 통으로 쪄도 좋지만, 완성 후 뜨거운 상태에서 자르면 모양이 흐트러지니 미리 자르는 것이 좋겠죠.

혈관 건강 제대로 챙겨 주는

양파김치

소요시간
20분

준비
재료

| 주재료 |

양파 2개(400g)
부추 1/4단
대파 1대

| 양념 |

물 1/4컵
고춧가루 3큰술
액젓 1큰술
소금 0.5큰술
올리고당 0.5큰술
다진 마늘 0.5큰술
다진 생강 0.3큰술

여름이 제철인 양파는 알싸하고 단맛이 나는 것이 특징인데, 저희 집
은 아버지가 양파를 좋아하셔서 여름만 되면 양파김치를 담그곤 했어
요. 어릴 때는 양파김치를 무슨 맛으로 먹나 했는데, 크고 보니 양파가
정말 건강에 이로운 식재료일 뿐만 아니라 김치로 담가 익혀 먹으면
달달하고 아삭한 것이 매력적이더라고요.

양파의 대표적인 효능은 혈압 및 콜레스테롤을 낮추고 피를 맑게 해
주는 것으로, 당뇨나 혈압 등 성인병이 있는 분들에게도 좋아 양파즙
으로 많이 복용하기도 하지요. 이렇게 좋은 양파로 별미 김치까지 담
가 맛나고 똑똑하게 식단을 구성해 보세요.

1 양파는 깍둑썰기, 부추는 4cm 길이로 자르고, 대파는 어슷썰기 한다.

2 모든 양념을 넣고 소금이 녹도록 섞어 김치 양념을 만든다.

3 큰 볼에 양파, 부추, 대파, 김치 양념을 넣어 고루 버무려 완성.

✦ 바로 먹어도 알싸한 매력이 있지만, 익혀 가며 먹어도 맛이 좋아요. 익힐수록 양파에서 수분이 나와 국물이 생길 수 있지만, 그 국물 또한 맛있답니다.

✦ 부추와 대파 대신 쪽파를 넣어도 맛과 모양이 좋아요.

노동 가성비와 행복 가심비
두 마리 토끼를 잡는 **대용량 요리**

식단 만들다가 하루가 다 가버린다는 이야기를 참 많이 들어요. 직업이 영양사인 저도 처음에는 다이어트 식단 세끼를 만드는 데 시간도 많이 들고 참 번거롭기도 했어요. 이런 문제를 해결해 줄 방법으로 생각해낸 게 바로 대용량 요리랍니다. 대용량 요리를 만들어 밀프랩해 두었다가 하나씩 꺼내 먹으면 식단 챙기는 시간을 줄일 수 있지요.

.... 대용량으로 만들어야 더 맛있는 메뉴들로 건강과 시간 두 마리 토끼 모두 잡아 볼까요?

초록초록 시금치가 독소 배출, 장 운동을 도와줘요

시금치 카레

분량
4회분

소요시간
35분

준비
재료

| 주재료 |

시금치 1단(약 150g)
큰 양파 1개(300g)
고형카레 2조각
두유 2팩(380ml)

| 양념 |

물 1/2컵
다진 마늘 1.5큰술
올리브유 1큰술

카레는 각 나라마다 특징이 다를 만큼 전 세계가 사랑하는 메뉴예요. 그중에서도 시금치 치즈 카레인 인도의 '팔락 파니르'는 제가 가장 좋아하는 카레랍니다. 라미 레시피로 재해석한 시금치 카레는 대용량으로 만들어서 냉동해 두고 다양한 레시피로 응용해 즐길 수 있어 더욱 매력적이에요.

시금치를 한 단 몽땅 넣어 만든 시금치 카레는 소량의 카레로도 순하고 깊은 맛을 낼 수 있어 부담 없이 식단에 곁들일 수 있다는 장점이 있어요. 시금치의 녹색 파이토케미컬은 활발한 장 운동을 돕고, 독소 배출 및 빈혈과 눈 건강에도 이로운 작용을 하니 다이어트나 건강 식단에 빠질 수 없는 식재료랍니다.

1   시금치는 깨끗이 씻어 뿌리를 제거하고, 양파는 가늘게 채 썬다.

2   팬에 기름을 두르고 양파를 흐물흐물하게 갈색이 될 때까지 볶는다.

3   볶은 양파, 시금치, 다진 마늘, 두유를 믹서로 간다.

4   3을 깊은 팬(또는 냄비)에 넣어 끓이다가 고형카레와 물을 넣어 농도와 간을 맞추어 완성한다.

✦   고형카레가 없으면 카레가루 4~5큰술로 간을 맞추고, 두유 대신 아몬드유나 저지방우유 등으로 대체 가능해요.

✦   핸드믹서를 사용하면 튈 수 있으니 깊은 용기에 조금씩 덜어 가며 가는 게 좋아요. 섬유질 때문에 시금치가 칼날에 엉킬 수 있으니 잘게 잘라서 갈면 더 좋아요.

✦   소스가 되직하기 때문에 끓으면서 많이 튈 수 있으니 깊은 팬이나 냄비에 조리하는 게 좋아요.

✦   시금치 카레 소스는 4등분하여 냉동실에 얼려 두고 다양하게 활용 가능해요.(다음에 이어서 나오는 시금치 카레 파스타, 시금치 카레 덮밥 등)

이리 보아도 예쁘고 저리 보아도 든든한

시금치 카레 덮밥

분량
1인분

소요시간
15분

준비
재료

| 주재료 |

잡곡밥 130g
소고기(부채살) 200g
시금치 카레 200g

| 양념 |

플레인요거트 1큰술
올리브유 1큰술
소금 한 꼬집
후춧가루

맛도 좋고 보기에도 좋아서 정말 수도 없이 만들어 먹은 손에 꼽는 메뉴예요. 특히 손님상으로 차려 놓으면 그럴싸한 비주얼에 반응도 아주 좋답니다. 초록빛 시금치 카레에 밥과 스테이크를 푸짐하게 얹어 먹는 덮밥의 조화는 보기만 해도 든든해서 너무 행복하죠. SNS에서도 많은 사랑을 받아, 많이들 따라서 해 드시고는 엄지 척을 날려 주셨던 검증된 메뉴랍니다.

접시 가운데에 밥을 길게 담고 양쪽으로 시금치 카레와 스테이크를 담으면 웬만한 레스토랑 부럽지 않지요. 이리 보아도 저리 보아도 예뻐서 사진 찍을 맛이 나는 메뉴랄까요. 맛과 영양은 기본이고요!

1 부채살에 소금과 후춧가루를 뿌려 밑간해
둔다.

2 달군 팬에 올리브유를 두르고 부채살을
취향에 맞게 굽는다.

3 소분하여 냉동해 둔 시금치 카레를 전자
레인지에 해동하고 데운다.

4 그릇에 밥과 카레를 담고 스테이크를 한
입 크기로 썰어 올리고, 카레 위에 플레인
요거트를 곁들인다.

✦ 고기를 맛있게 구우려면 팬을 달구어 강불에 고기
를 굽기 시작하여, 겉이 노릇해지면 중불로 줄여
익혀 주세요.

✦ 플레인요거트를 곁들이면 더욱 이국적이고 부드
러운 카레를 즐길 수 있어요.

✦ 단백질원이 되는 토핑은, 부채살뿐만 아니라 닭
가슴살, 닭가슴살 소시지, 새우, 삶은 달걀, 돼지고
기, 두부 구이 등으로 다양하게 대체해도 좋아요.

✦ 밥 대신 또띠아 2장을 팬에 구워 난(인도식 빵)처
럼 카레를 얹어 먹어도 별미랍니다.

파스타만 삶아서 후다닥!

시금치 카레 파스타

분량
1인분

소요시간
15분

준비
재료

| 주재료 |

통밀파스타(건면) 50g
시금치 카레 150g
새우 6마리
저지방우유 1팩(190ml)

| 양념 |

소금 한 꼬집
후춧가루
크러쉬드레드페퍼
파슬리가루

시금치 카레를 이용해 파스타도 만들 수 있어요. 늘 먹던 오일파스타, 토마토파스타, 크림파스타에 질렸다면 오늘은 색다른 맛에 도전해 보세요.

미리 만들어 둔 시금치 카레를 꺼내고 파스타만 삶아서 후다닥 만들면 공들여 만든 느낌의 시금치 카레 파스타가 완성된답니다. 추가로 넣은 우유로 인해 고소한 시금치 카레 크림 느낌이 나고, 면 사이사이 스며든 초록빛에 기분까지 좋아지는 메뉴예요. 우유가 부담된다면 두유, 아몬드유, 귀리우유 등으로 바꿔도 괜찮으니 대량으로 만들어 둔 시금치 카레를 다양한 메뉴로 활용해 보세요.

1 끓는 물에 파스타를 10분간 삶는다.

2 팬에 시금치 카레, 저지방우유를 넣어 중불로 끓인다.

3 소스 농도가 마음에 들면 새우를 넣어 익힌다.

4 삶아 둔 파스타를 넣고 부족한 간은 소금, 후춧가루로 한 뒤 그릇에 담아 크러쉬드 레드페퍼와 파슬리가루를 뿌려 완성.

+ 새우 대신 닭가슴살, 닭가슴살 소시지, 저지방햄, 소고기, 돼지고기, 오리고기, 두부 등 다양한 단백질원으로 주재료를 바꾸면 늘 새로운 느낌으로 즐길 수 있어요.

+ 스파게티면 외에도 푸실리, 펜네 등 다양한 통밀 파스타 제품이 많으니 같은 양으로 계량하여 다양하게 만들어 보세요.

시판 닭가슴살 절반 가격으로 만드는

전기밥솥 수비드 닭가슴살

분량
5~6회분

기한
2주(냉동)

소요시간
2시간

준비
재료

| 주재료 |

닭가슴살(생) 1kg
지퍼백 5장

| 양념 |

소금 0.5큰술
후춧가루 0.5큰술
파슬리가루 0.3큰술

'수비드(sous vide)'는 프랑스어로, 밀폐된 봉지에 담긴 음식물을 미지
근한 물속에서 오랫동안 데우는 조리법을 뜻해요. 55~60℃ 사이의 낮
은 온도에서 장시간 익히기 때문에 육즙과 수분은 보존하고 영양 손
실은 최소화한 착한 조리법이에요. 다만 수비드 기계가 따로 있어야
한다는 게 단점인데, 의외로 집집마다 가지고 있는 전기밥솥의 보온
기능으로 간단히 만들 수 있답니다.

시중에 판매하는 수비드 닭가슴살은 가격이 제법 비싼데, 마트나 인
터넷에서 닭가슴살 대용량을 구입해 만들면 절반도 안 되는 가격으로
만들 수 있어요. 집에 있는 전기밥솥으로 수비드
닭가슴살 만들어서 식단의 질
을 높여 보세요.

1   닭가슴살은 흐르는 물에 깨끗이 씻은 뒤 키친타월로 물기를 제거하고 소금, 후춧가루, 파슬리가루로 밑간한다.

2   닭가슴살이 겹치지 않도록 지퍼백에 1회 분씩 담은 뒤 물에 넣고 지퍼백 속 공기를 최대한 빼 진공하여 지퍼백을 꼭 닫는다.

3   전기밥솥(내솥)에 60℃의 물을 닭가슴살 팩이 잠기도록 부은 뒤 '보온'으로 1시간 30분 동안 천천히 익힌다.

4   완성된 수비드 닭가슴살은 얼음물에 바로 식혀 보관한다.

✦   온도계 없이 물 온도를 맞추려면, 끓는 물 2/3, 찬 물 1/3을 섞어 손을 넣었을 때 뜨겁다는 느낌이 들 정도면 돼요.

✦   식힌 수비드는 냉장 보관으로는 5일 안에, 냉동 보관으로는 2주 안에 먹는 것이 좋아요. 냉동했던 수비드는 자연 해동하여 구워 먹거나 전자레인지에 따뜻하게 데워 먹어도 맛있어요.

✦   돼지고기는 같은 방식으로 보온 2시간, 생선과 소고기는 1시간 조리하면 알맞게 잘 익어요.

✦   다양한 양념으로 만들어 두면 시판 닭가슴살 수비드 부럽지 않아요. 1kg 기준으로 양념을 소개할게요. 양념 수비드는 익히기 전 약 20분간 재워야 양념이 잘 배요.
• 카레맛 : 카레 3큰술, 소금 0.3큰술(매운 맛은 고춧가루 1큰술 추가)
• 갈릭맛 : 마늘 슬라이스 5개(또는 다진 마늘 1.5큰술), 올리브오일 2큰술, 소금 0.5큰술, 후춧가루 0.3큰술
• 불고기맛 : 간장 6큰술, 다진 마늘 0.5큰술, 알룰로스 3큰술, 후춧가루 0.3큰술
• 허브맛 : 바질페스토 3큰술, 다진 마늘 0.5큰술, 후춧가루 0.3큰술
• 닭볶음탕맛 : 고추장 3큰술, 간장 3큰술, 알룰로스 3큰술, 다진 마늘 1큰술, 후춧가루 0.5큰술

둘이서 나눠 먹어도 만족스러운

과카몰리 뚱디치

분량
1~2인분

소요시간
20분

준비
재료

| 주재료 |

수비드 닭가슴살 100g
호밀식빵 2장
상추 3장
아보카도 1개
양파 1/4개(50g)
토마토 1/2개
올리브 3개

| 양념 |

살사소스 2큰술
(또는 스리라차 1큰술
+ 무설탕 케첩 1큰술)
레몬즙 1큰술
소금 한 꼬집
후춧가루

아보카도를 으깨 각종 채소와 향신료, 조미료를 넣어 만든 멕시코 요리, 과카몰리. '과카'는 멕시코어로 아보카도를 뜻하는 아과카테(aquacate)에서 따왔고, '몰리'는 멕시코 원주민어로 소스를 뜻한다고 하니, 과카몰리라는 단어는 아보카도 소스라고 이해하면 되겠죠? 단어 뜻 그대로 멕시코에서는 과카몰리를 또띠아를 튀겨 찍어 먹거나 빵에 발라 먹는 소스로 활용해요.

저는 아보카도의 식감을 좋아해서 완전히 으깨지 않고 반은 으깨고, 반은 큼직한 형태를 살려 과카몰리를 만들어요. 이 과카몰리로 평범한 닭가슴살 샌드위치를 몇 배는 더 맛있고 고급져 보이게 만들 수 있어요. 촉촉한 수비드 닭가슴살과 크리미하고 상큼한 과카몰리의 찰떡 케미를 느껴 보세요.

1   아보카도는 반을 갈라 씨와 껍질을 제거
    한 뒤 깍둑썰기 하거나 으깨고, 양파, 토마
    토, 올리브는 잘게 다진다.

2   상추는 깨끗이 씻어 물기를 제거하고, 닭
    가슴살은 얇게 썬다.

3   1의 재료를 모두 넣고, 소금, 후춧가루, 레
    몬즙을 섞어 과카몰리를 만든다.(아보카
    도의 으깸 정도는 취향에 따라 조절)

4   매직랩을 깔고, 빵-살사소스-상추-닭
    가슴살-과카몰리-빵 순서로 샌드위치
    를 만들어 잘 썬다.

✦   토마토의 씨는 제거하는 것이 과카몰리의 물기를
    덜 생기게 하는 방법이에요. 바로 먹는 것이라면
    그냥 씨까지 모두 넣고 만들어도 무방합니다.

✦   고수를 추가하면 더 이국적인 맛을 느낄 수 있어요.

✦   과카몰리의 양이 생각보다 많아 부담스럽다면,
    1/2만 사용하고 나머지는 샐러드에 곁들여 보세
    요. 과카몰리를 다 넣어 뚱뚱한 샌드위치를 만들
    어 친구와 반쪽씩 나누어 먹는 것도 좋겠죠?

봄철 최고 건강 지킴이

미나리 김밥

분량
1인분

소요시간
15분

준비
재료

| 주재료 |

김밥용 김 1장
잡곡밥 120g
미나리 80g
수비드 닭가슴살 100g

| 양념 |

참기름 0.5큰술
참깨 0.3큰술
소금 한 꼬집

미나리가 다이어트뿐 아니라 건강한 식재료로 정말 좋은데, 쉽게 먹을 수 있는 방법을 잘 모르시더라고요. 그래서 생각보다 간단하게 닭가슴살과 미나리의 꿀조합 김밥을 쌀 수 있다는 걸 꼭 알려 드리고 싶어서 준비한 레시피에요.

미나리는 퀘르세틴이라는 플라보노이드 성분이 풍부하여 혈액 속 노폐물을 제거해 줘 혈관 청소부라는 별명까지 있답니다. 게다가 체지방 분해 효능까지 있어 다이어트에도 정말 좋은 식재료 중 하나예요. 특히 비타민B군이 모두 함유되어 있어 피부 미용에 아주 탁월하고, 식이섬유도 많아 변비 탈출에도 도움을 주는 기특한 식재료입니다.

1 닭가슴살을 얇게 썰고, 미나리는 깨끗이 다 듬어 씻은 뒤 한 뼘 정도의 길이로 자른다.

2 끓는 물에 미나리를 넣고 30초간 데쳐 찬 물에 식힌 뒤 물기를 제거한다.

3 데친 미나리에 소금, 참기름, 참깨를 넣고 무친다.

4 김 위에 밥을 얇게 펴고, 미나리, 닭가슴살 을 넣고 말아 먹기 좋게 썰면 완성.

✦ 미나리가 비싼 철에는 향긋한 쑥갓으로 대체하면 됩니다.

✦ 미나리는 데친 뒤 물기를 꽉 짜야 김밥을 싼 뒤 물 기가 생기지 않아요.

5분 컷도 가능한 초초초간단 메뉴

숙주나물밥

분량
1인분

소요시간
10분

준비
재료

| 주재료 |

잡곡밥 100g
숙주나물 150g
수비드 닭가슴살 100g
청양고추 1개

| 양념 |

간장 1.5큰술
물 1큰술
고춧가루 0.5큰술
들기름 0.5큰술
참깨

'5분 컷 숙주나물밥'이라고 메뉴명을 붙이고 싶을 만큼 너무나 초초초 간단이에요! 소요시간을 10분으로 잡은 건 처음 하는 분들이 레시피를 보면서 할 것을 생각해 여유롭게 해 놓은 거예요. 전자레인지에 숙주 나물만 데치고 양념장을 곁들이면 간단하지만 꿀맛인 든든한 식단이 탄생한답니다. 콩나물밥은 흔한 메뉴인데 콩나물밥을 지어 먹는 것은 번거롭잖아요? 숙주나물은 조금 더 빨리 조리할 수 있고 아삭한 식감 으로 가벼운 다이어트 식단이 될 수 있어요. 단백질로는 냉동실에 하 나쯤 있을 법한 닭가슴살을 곁들이면 맛궁합도 굉장히 좋더라고요. 벌써 따라 만들어 드셨던 분들이 간단하고 만족감 높은 메뉴라고 좋 아해 주셨던 검증된 메뉴랍니다.

숙주나물은 열량이 낮을뿐더러 수분과 식이섬유가 풍부해 다이어트 중 쾌변을 도와주는 착한 식재료인 건 안 비밀!

1 　닭가슴살, 청양고추는 얇게 썬다.

2 　숙주는 씻어 전자레인지용 그릇에 담고
　　랩을 씌운 뒤 구멍을 뚫어 2분 30초 돌려
　　익힌다.

3 　간장, 물, 고춧가루, 들기름, 참깨, 청양고
　　추를 넣어 양념장을 만든다.

4 　밥 위에 익힌 숙주, 닭가슴살을 얹고 기호
　　대로 양념장을 곁들여 비벼 먹는다.

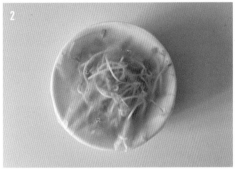

✦ 　양념장에 파, 양파 등 취향껏 더 추가하면 맛이 업
　　그레이드됩니다!

✦ 　담백한 닭가슴살도 좋지만, 소고기, 돼지고기, 오
　　리고기의 조합도 맛있어요.

✦ 　양념장에 사용하는 들기름은 참기름으로 교체해
　　도 되지만, 들기름이 숙주와 만났을 때 풍미가 더
　　좋더라고요.

옛날짜장 맛을 그대로 살린

다이어트 짜장소스

분량
4회분

소요시간
30분

준비
재료

| 주재료 |

돼지고기(다짐육) 400g
양배추 300g
큰 양파 1개(300g)
대파 1대

| 양념 |

물 3컵
춘장 5큰술
알룰로스 4큰술
올리브유 2큰술
굴소스 2큰술
다진 마늘 2큰술
소금 한 꼬집
후춧가루

| 전분물 |

물 1큰술
전분 1큰술

다이어트를 하면서 짜장면의 유혹에 고생 안 해본 사람이 있을까요?
다이어트 내내 간절하게 떠오르는 기름 좔좔 단짠 조합의 짜장은, 집
에서 만들어 먹고 싶어도 시중에 판매하는 짜장 분말에 설탕 함유량
이 높아 쉽게 사용할 수가 없더라고요.

그래서 춘장으로 옛날짜장 맛에 가깝게 대량 조리한 뒤 소분하고 냉
동해서, 그때그때 데워 다양하게 즐겼더니 무척 만족스러웠어요. 물
론 일반적으로 먹는 짜장보다는 덜 자극적인 순한 맛이지만, '짜장'을
먹고 싶은 욕망을 해소하기에는 충분히 자극적이에요. 대량으로 조리
할수록 맛이 더 좋으니 4인 분량이나 8인 분량으로 만들어 보관하여
드시길 추천 드려요.

1   양배추와 양파는 작게 깍둑썰기 하고, 대
      파는 잘게 다진다.

2   달군 팬에 기름을 둘러 중불에서 대파와
      다진 마늘을 볶아 향을 낸 뒤 돼지고기, 소
      금, 후춧가루를 넣고 노릇하게 볶는다.

3   물을 제외한 모든 양념과 양배추, 양파를
      함께 볶는다.

4   물 3컵을 넣어 한소끔 끓이고, 전분과 물
      각 1큰술씩 섞어 만든 전분물을 넣어 끓여
      걸쭉한 농도가 나오면 완성.

✦   다짐육은 마트에서 소량 판매하는 육류 코너에
      있어요. 보통 안심이나 지방이 적은 부위를 사용
      하는데, 눈으로 보아 지방이 너무 많은 것 같다면
      정육점에 돼지고기 안심으로 갈아 달라고 주문하
      면 됩니다.

✦   돼지고기 다짐육이 없다면 돼지고기 안심, 등심
      을 잘게 잘라 사용하고, 돼지고기가 싫다면 닭가
      슴살, 소고기 등 자유롭게 바꿔서 만들어 보세요.

✦   다양한 채소를 사용하면 좋지만, 냉동 보관을 할
      경우엔 위의 재료로만 만들어 두고 꺼내어 재조
      리해 먹을 때 추가하는 것을 추천합니다.

✦   250g 정도씩 소분해 냉동하면 한 끼 먹기에 적당
      한 양이에요.

매콤달콤 아는맛을 부담 없이 즐겨요

짜장 떡볶이

분량
1인분

소요시간
15분

미리 만들어 둔 짜장소스로 간단하게 만드는 매콤한 짜장 떡볶이에요. 밀떡이나 쌀떡이 아닌 현미떡을 사용해 만들었는데, 요즘은 현미 가래떡을 많이 판매하고 있어 어렵지 않게 구할 수 있어요. 이미 만들어진 짜장소스만 있다면 너무 간단하게 식단으로 만들어 먹을 수 있고 도시락으로도 손색이 없답니다.

1 　가래떡은 먹기 좋은 크기로 자르고, 청양 고추는 얇게 썬다.

2 　달걀은 찬물에 넣어 끓이기 시작해서 기포가 올라온 후 8분간 삶아 껍질을 깐다.

3 　짜장소스, 물, 고춧가루를 냄비에 넣고 끓인다.

4 　떡과 청양고추를 넣어 잘 섞이도록 볶아 달걀을 얹는다.

✦　현미떡이라도 떡은 떡이니까 양을 지켜 주세요. 냉동 떡은 끓는 물에 데쳐 넣거나 전자레인지에 해동 후 조리하면 돼요.

✦　달걀은 찬물에 넣어 10분간 삶아 찬물에 헹궈 주면 적당하게 익어요. (반숙은 8분, 완숙은 10분)

✦　맵찔이 분들은 고춧가루와 청양고추 없이 달달한 짜장 떡볶이로 즐겨도 맛있어요.

다이어터도 먹을 수 있어! 짜장면과 짜장밥

면두부 짜장면

분량
1인분

소요시간
10분

준비
재료

| 주재료 |
면두부 100g
짜장소스 250g
달걀 1개

짜장소스는 꼬들꼬들한 면두부와도 찰떡궁합이에요! 마치 짜장면을 먹는 기분도 들고, 새로운 요리 같기도 해서 특식 같고 먹는 내내 기분이 좋더라고요. 사진 속 추가 고명으로 완두콩을 얹어 보았는데, 오이를 좋아하신다면 오이채를 곁들여 상큼한 맛을 더해 주는 것도 좋아요. 일반식을 하는 친구나 가족들과 먹어도 모두 엄지손가락을 척 올려 주었고, 생각보다 포만감도 높았답니다. 남은 짜장소스가 있다면 밥 한 숟가락 추가해서 쓱쓱 비벼 먹어도 참 좋겠죠.

다이어트 하며 짜장면 먹는 날이 오다니 너무나 행복해요. 가볍고 건강한 짜장면 만든 나, 칭찬해!

1   달걀은 찬물에 넣어 끓이기 시작해서 기포
     가 올라온 후 8분간 삶아 껍질을 깐다.

2   짜장소스를 데운다.(냉동한 짜장소스라
     면 전자레인지에 해동 후 사용)

3   물기를 뺀 면두부 위에 짜장소스를 얹고
     삶은 달걀을 곁들인다.

더운 여름날 불 없이도 뚝딱 만드는

아보카도크림 콜드수프

분량
3회분

소요시간
10분

준비
재료

| 주재료 |

아보카도(완숙) 3개
저지방우유 3팩(570ml)

| 양념 |

소금 두 꼬집
후춧가루

따뜻한 수프 말고 차가운 수프 드셔 보셨나요? 차갑게 먹는 수프를 콜드수프(cold soup)라고 해요. 처음 접했을 땐 수프를 왜 차갑게 먹나 의아했지만, 막상 먹어 보니 시원하게 먹는 수프도 매력이 있더라고요. 더운 여름날 불을 사용하지 않고 조리하는 것도 장점이고요. 아보카도를 한 망으로 저렴하게 판매하는 경우가 많아 원치 않아도 대량 구입을 하게 되는데 후숙되는 속도가 먹는 속도보다 빠르면 썩어 버리는 일이 많지요. 그래서 두고두고 먹는 방법이 없을까 해서 크림수프 형태로 만들어 소분해 얼려 두고 먹었더니 아깝게 아보카도를 버리는 일이 없어서 좋았어요. 만드는 법도 너무나 간단하니까 아보카도의 후숙 속도가 두려웠다면 콜드수프에 도전해 보세요.

완성된 수프를 데워 따뜻하게 즐겨도 좋답니다.

1　　잘 익은 아보카도는 반을 갈라 씨를 제거
　　　한 뒤 숟가락으로 과육을 빼낸다.

2　　믹서에 아보카도, 우유, 소금, 후춧가루를
　　　넣고 곱게 갈아 아보카도크림을 만든 뒤 원
　　　하는 토핑을 곁들여 완성한다.

✦　토핑은 단백질원을 올리는 것을 추천해요. 저는 주로 병아리콩(100g)을 미리 삶아 냉동해 둔 것을 얹어 먹거나, 닭가슴
　　살 100g, 닭가슴살 소시지 100g, 삶은 달걀 2개 등에 탄수화물로 호밀식빵 1장을 곁들여 먹으면 영양도 충분히 섭취할
　　수 있고 든든한 한 끼로 좋더라고요.

✦　3회 분량으로 만들었으니 믹서에 간 것을 3등분하여 1회분씩 소분해 냉동실에 얼려 두었다가 해동해서 먹으면 좋아
　　요. 냉장으로 보관 시 갈회색으로 색이 변할 수 있고 변질이 빠르게 이루어지니 주의하세요!

탄단지섬을 꽉 채운 후다닥 브런치

아보카도크림 오픈토스트

분량
1인분

소요시간
10분

준비
재료

| 주재료 |

호밀식빵 1장
달걀 1개
닭가슴살 소시지 2개
아보카도크림 150g

| 양념 |

올리브유 0.5큰술
후춧가루
크러쉬드레드페퍼

아보카도크림을 이용해 후다닥 만들어 그럴싸한 브런치로 즐길 수 있는 아보카도크림 오픈토스트!

삶은 달걀, 달걀프라이, 수란 모두 다 꿀조합이었고, 더 든든하게 단백질을 챙기기 위해 닭가슴살 소시지도 더해 주었더니, 영양도 맛도 비주얼도 꿀조합인 메뉴가 탄생했어요. 식빵 한 장으로도 충분히 든든한 식단으로 먹을 수 있고, 기호대로 샐러드도 곁들이면 탄수화물, 단백질, 지방, 식이섬유까지 꽉 채운 건강 브런치로 충분할 거예요.

1 　닭가슴살 소시지에 칼집을 낸다.

2 　달걀은 찬물에 넣어 끓이기 시작해서 기포가 올라온 후 10분간 삶아 껍질을 깐다.

3 　달군 팬에 한쪽은 기름을 두르지 않고 식빵을 굽고, 한쪽은 기름을 둘러 소시지를 노릇하게 굽는다.

4 　구운 식빵 위에 아보카도크림을 올리고 달걀과 소시지를 얹어 후춧가루, 크러쉬드레드페퍼를 뿌려 완성.

✦ 닭가슴살 소시지나, 달걀 대신 저지방햄, 닭가슴살이나 소고기 스테이크를 함께 곁들어도 맛궁합과 영양궁합이 좋아요.

✦ 아보카도크림만으로도 맛있지만, 더 다양한 맛을 즐기고 싶다면 홀그레인 머스터드, 무설탕 머스터드, 스리라차 등 다양한 무설탕 소스들로 맛을 더할 수 있어요. 나만의 꿀조합을 찾는 재미도 느껴 보세요.

홈스토랑으로 즐겨도 도시락으로도 괜찮은

아보카도크림 파스타

분량
1인분

소요시간
15분

준비
재료

| 주재료 |

아보카도크림 150g
통밀파스타(건면) 60g
닭가슴살 슬라이스햄 40g
냉동 야채믹스 70g
저지방우유 1/2컵

| 양념 |

올리브유 0.5큰술
다진 마늘 0.3큰술
파슬리가루

아보카도크림을 이용해 꾸덕꾸덕한 아보카도크림 파스타도 꼭 만들어 보세요. 일반 크림 파스타와는 다른 아보카도의 신선한 맛과 향까지 더해진 고소한 파스타로, 다이어트 중 느끼한 것이 먹고 싶은 날에 제격이에요.

연둣빛 색감이 사진발까지 잘 받아서, 손님 초대해서 후다닥 만들어 내도 대접받는 기분이라고 좋아했던 메뉴 중 하나에요. 남녀노소, 다이어트를 하지 않아도 맛있게 먹을 수 있는 아보카도크림 파스타로 홈스토랑 분위기도 낼 수 있고, 식은 뒤에 먹어도 맛이 좋아 도시락으로 챙기기에도 괜찮은 레시피랍니다.

1 냉동 야채믹스는 해동하고 닭가슴살 슬라
   이스햄은 굵게 썬다.

2 끓는 물에 파스타를 10분간 삶는다.

3 달군 팬에 기름을 두르고 중불에서 다진 마
   늘로 향을 낸 뒤 햄과 야채를 넣어 볶는다.

4 아보카도크림과 우유를 넣고 삶은 파스타
   를 섞어 완성한 후 그릇에 담아 파슬리가
   루를 뿌린다.

✦ 닭가슴살 슬라이스햄 외에도 닭가슴살, 새우, 연
   어, 닭가슴살 소시지 등의 다양한 단백질원과도
   잘 어울려요.

✦ 대량 구입해 오래 두고 편히 먹을 수 있고 가성비
   좋은 냉동 야채믹스를 사용했지만, 냉장고에 있
   는 자투리 채소들을 이용해도 좋아요.

✦ 소스의 농도는 저지방우유의 양으로 조절하면 취
   향껏 즐길 수 있고, 매콤함을 추가하고 싶다면 채
   소를 볶을 때 크러쉬드레드페퍼를 함께 넣어 보
   세요.

시간 없는 다이어터에게 바치는
초간단 국밥 & 탕 & 죽

혹시 라미 레시피에 유난히 한식이 많다는 것 눈치채셨나요? 제가 한식을 정말 사랑하거든요.
고구마를 먹다가도 중간중간 꼭 밥을 먹어야 식사를 한 것 같고, 쌀쌀한 계절에는 국물이나 죽을 먹어야 든든하더라고요.
저처럼 한식 사랑하는 분들을 위해 소량의 재료로 간단하게 만드는 다이어터용 국밥, 탕, 죽 레시피를 가득 담았어요.
·········· 국물 먹으면 살찐다는 두려움은 접어 두세요. 약간의 양념으로 건강한 맛을 부담 없이 즐길 수 있으니까요.

건강하게 매콤하고 자극적인 맛을 즐기는 법

다이어트 부대찌개

분량
1인분

소요시간
20분

준비
재료

| 주재료 |

닭가슴살 소시지 2개
김치 60g
양파 1/4개(50g)
슬라이스치즈 1/2장
대파 1/4대

| 양념 |

물 3컵
김치국물 4큰술
간장 1큰술
고춧가루 1큰술
올리브유 0.5큰술
다진 마늘 0.5큰술
알룰로스 0.5큰술
후춧가루

한국인이라면 거부하지 못할 바로 그 메뉴, 부대찌개! 매콤하고 자극적인 맛을 잊을 수는 없죠. 저는 어릴 때부터 부대찌개의 고장, 송탄에 살아서인지 다이어트 중 부대찌개의 유혹이 너무나 강렬했어요. 요즘은 단백질도 풍부하고 탄수화물이나 불필요한 당류를 절제하여 만든 좋은 소시지 제품이 많아서, 다이어터 버전으로 부대찌개를 끓일 수 있답니다. 조미료 없이도 충분히 매콤한 맛과 자극적인 맛, 모두를 해소할 수 있는 아는 맛이 재현된답니다.

레시피 분량은 1인분이지만 양이 넉넉해서 두 끼로 나누어 먹어도 충분한 양이고, 적당한 양의 밥(다이어트 중인 성인여자 기준 한 끼 100~150g)과 함께 부대찌개로 행복한 식사를 즐길 수 있어요. 라면사리는 면두부, 실곤약으로 대체해서 나만의 만찬으로 재탄생시켜 보세요.

1 소시지와 대파는 어슷썰기로 얇게 썰고, 양파는 채 썬다. 김치는 먹기 좋게 송송 썰어 준비한다.

2 냄비를 달구어 기름을 두른 뒤 소시지, 김치, 양파, 김치국물을 넣어 살짝 볶는다.

3 2에 물, 간장, 후춧가루, 고춧가루, 알룰로스를 넣어 끓인다.

4 끓어오르면 다진 마늘, 대파를 넣어 끓인 뒤 치즈를 얹어 녹여서 완성.(치즈는 취향에 따라 빼도 괜찮아요.)

+ 너무 익어버린 신김치라면 올리고당 0.5큰술을 더해 신맛을 줄이고, 덜 익은 김치라면 3번 과정에서 식초 1큰술을 첨가해 신김치 맛을 낼 수 있어요!

+ 김치의 간에 따라 찌개의 간이 다를 수 있으니 싱거우면 소금 한 꼬집, 짜면 물을 더 추가해서 각자의 입맛에 맞추세요.

라면 끓이기만큼 간단한

순두부 짜글이

분량
1~2인분

소요시간
20분

준비
재료

| 주재료 |

순두부 200g
돼지고기(다짐육) 100g
달걀 1개
양파 1/2개(100g)
대파 1/4대

| 양념 |

물 1컵
고춧가루 1.5큰술
간장 1큰술
올리브유 0.5큰술
올리고당 0.5큰술
다진 마늘 0.5큰술
소금 1.5꼬집
후춧가루

단백질 가득한 순두부와 돼지고기의 얼큰한 만남! 순두부찌개가 당기는 날 간단하게 순두부짜글이로 몸과 마음을 데울 수 있는 메뉴예요. 한식파인 저는 백반도 너무 좋아하는데, 그래서인지 순두부찌개가 당기는 날이 많았어요. 그런데 순두부찌개가 생각보다 맛 내기도 어렵고 재료도 은근히 많이 들어가더라고요. 그래서 재료와 국물을 줄이고 단백질은 풍부하게 구성하여 짜글이 형태로 순두부찌개 맛을 내보았어요.

조미료 없이도 이런 맛이 난다니 너무 신기하다며 귀가 따갑도록 칭찬을 받은 메뉴예요. 양이 넉넉한 1인분이라 반찬과 함께 먹으면 두 끼니로 나누어 먹어도 되고 한 끼에 푸짐하게 즐겨도 되는 밥도둑 순두부짜글이! 한 뚝배기 안 하실래요?

1 　양파와 대파는 잘게 다진다.

2 　달군 팬에 기름을 두르고 양파, 대파, 고
　기, 소금, 후춧가루를 넣어 고기가 80% 익
　을 때까지 볶는다.

3 　모든 양념을 넣어 자작하게 끓인다.

4 　순두부를 넣고 달걀을 깨 넣어 반숙으로
　익혀 완성.

✦ 다이어트 시엔 밥 100g, 유지어터나 건강 식단으
　로는 밥 130~150g과 함께 먹었어요.

✦ 두 배로 양을 늘려 푸짐하게 끓여서 소분하여 얼
　렸다가 다시 해동해서 먹어도 맛이 좋아요.

초간단 닭개장

분량
1인분

소요시간
20분

준비
재료

| 주재료 |

닭가슴살(완제품) 100g
데친 고사리 50g
숙주 50g
팽이버섯 1/2봉
대파 1/2대

| 양념 |

물 2 1/2컵
올리브유 1.5큰술
고춧가루 1.5큰술
국간장 1큰술
다진 마늘 1큰술
소금 한 꼬집
후춧가루

한국인의 소울푸드, 국밥. 그런데 국밥 하나면 밥 한 공기 뚝딱 가능하니 칼로리도 높고 나트륨도 많아서 다이어터에게는 가까이 할 수 없는 음식이죠. 하지만 완제품 닭가슴살로 칼로리는 낮추고 육수 없이도 얼큰하고 감칠맛 도는 닭개장을 간단하게 만들 수 있어요. 조리 시간도 짧고 맛도 좋아서 노동 가성비가 높은 메뉴랍니다.

이번에 소개하는 닭개장은 다양한 채소를 구입해야 하지만, 대량 조리해 두고 소분해 얼려 두어도 좋을 만큼 너무나 맛있는 다이어트 버전 닭개장이랍니다. 다이어트 안 하는 가족들도 거부감 없이 개운하게 한 끼 먹을 수 있어서 나를 위한 요리, 가족을 위한 요리 각각 따로 요리할 필요도 없어요. 조미료 없이도 이런 맛이 가능하다는 것만으로 기분 좋아지는 메뉴랍니다.

1   숙주는 깨끗이 씻고, 팽이버섯은 밑동을
    제거하고 닭가슴살과 함께 찢는다. 대파
    는 어슷썰기 하고, 고사리는 먹기 좋은 길
    이로 자른다.

2   냄비에 기름을 두르고 고춧가루를 넣어
    중약불로 20~30초 정도 볶아 고추기름을
    낸 뒤 다진 마늘을 넣고 볶아 향을 낸다.

3   닭가슴살, 고사리, 대파를 넣고 물을 제외
    한 양념을 넣어 볶는다.

4   볶아지면 물을 넣어 한소끔 끓인 뒤 숙주,
    팽이버섯을 넣어 살짝 익혀 완성.

✦   2번 과정에서 고춧가루가 타지 않도록 하는 것이
    중요해요! 고춧가루가 타버리면 국 전체의 맛이
    엉망이 되니 주의하세요.

✦   모든 재료를 다 넣으면 맛이 더 좋겠지만, 고사리
    를 뺀 쉽게 구할 수 있는 닭가슴살, 숙주, 팽이, 대
    파만으로도 충분히 닭개장 맛이 나니까 도전해
    보세요!

✦   후춧가루를 넉넉히 넣으면 더 칼칼하고 매콤한
    맛이 살아나요.

기력 떨어지는 여름날 보양식으로 강추

초계탕

분량
1인분

소요시간
30분

준비
재료

| 주재료 |

닭가슴살(생) 100g
양배추 60g
오이 1/2개(80g)
양파 20g
토마토 1/4개
달걀 1개

| 양념 |

물 4컵
식초 3큰술
간장 1큰술
연겨자 1큰술
알룰로스 1큰술
올리브유 0.5큰술
소금 한 꼬집

다이어터들의 여름철 보양식으로 꼭 추천하고 싶은 메뉴, 얼음 동동 새콤 알싸한 초계탕이에요!

저는 여름철에 뜨거운 삼계탕보다는 시원한 초계탕 맛집을 찾아가 보양을 할 만큼 초계국수나 초계탕을 좋아해요. 밖에서 사 먹는 초계탕을 채소도 가득하고 데친 닭살이라 건강한 메뉴라고 생각할 수 있는데, 식당에서 판매하는 초계탕에는 설탕도 많이 들어가고 지방도 많은 편이에요.

그래서 건강 버전으로 초계탕의 맛을 살려 만들어 봤어요. 정석 초계탕은 손도 많이 가고 긴 시간이 필요하지만, 라미 레시피는 초간단이니 너무 겁먹지 말고 꼭 도전해서 기력이 떨어지는 날 보양식으로 든든하게 드셔 보세요.

1 양배추, 양파, 오이는 채 썰고, 토마토는
  2등분하여 얇게 썬다.

2 물 4컵에 닭가슴살을 넣고 10분간 중불로
  끓이고, 익은 닭가슴살은 건져서 잘게 찢
  어 식힌다.

3 닭가슴살을 삶은 물 3컵에 소금을 녹이고
  식힌 다음 간장, 식초, 연겨자, 알룰로스를
  넣어 초계탕 육수를 만든다.

4 달군 팬에 기름을 두르고 달걀 지단을 부
  쳐 채 썰어 고명을 만든다. 그릇에 닭가슴
  살, 지단, 양배추, 오이, 양파, 토마토를 얹
  고 육수를 부어 완성.

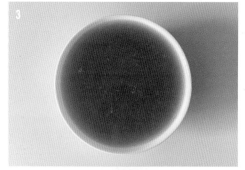

✦ 밥을 말아 먹어도 맛있지만, 면이 당기면 면두부
  나 실곤약을 넣어 먹어도 아주 맛있어요! 실곤약
  면 중에 메밀실곤약이 있는데 초계탕과 궁합이
  참 좋았어요.

✦ 얼음을 동동 띄워 먹거나 전날 미리 준비해 육수와
  닭가슴살을 차게 해서 먹으면 더욱 맛이 좋아요.

치킨스톡 없이도 깊은 맛이 나는

초간단 닭곰탕

분량
1인분

소요시간
20분

준비
재료

| 주재료 |

잡곡밥 100g
닭가슴살(생) 100g
무 20g
양파 20g
대파 1/4대

| 양념 |

물 5컵
저지방우유 1큰술
다진 마늘 0.3큰술
소금 한 꼬집
후춧가루

하루 종일 푹 끓인 듯한 뽀얀 국물의 닭곰탕을 닭가슴살 한 덩이로 손쉽게 만들 수 있어요. 레시피를 모르고 먹으면 마치 치킨스톡(육수)을 넣어 만든 것같이 깊은 맛이 난다고 느낄 정도의 맛이지요. 비결은 레시피 속에 숨어 있으니 꼭 한번 만들어 보세요.

뜨끈한 국물이 생각나는 계절이나 보양식이 필요한 여름에도 너무나 잘 어울리는 메뉴에요. 밥 말아서 김치와 함께 먹으면 꿀맛이랍니다. 대량 조리해 두고 냉동실에 보관해 두었다가 해동해서 먹기에도 좋고, 다이어트뿐 아니라 온 가족이 맛있게 즐길 수 있는 담백하고 감칠맛 나는 닭곰탕이에요.

칼로리나 지방 함량이 높은 삼계탕 대신 다이어트 버전으로 건강하게 맛을 낸 닭곰탕으로 몸보신 하는 건 어떨까요?

1 　무는 얇게 나박썰기 하고, 양파는 채 썰고, 대파는 송송 썬다.

2 　냄비에 찬물을 넣고 닭가슴살을 끓여 익힌 뒤 닭가슴살을 꺼내 잘게 찢는다.

3 　삶아낸 물에 썰어 둔 무와 양파, 찢은 닭가슴살을 넣고 끓인다.

4 　무가 익으면 소금, 후춧가루, 다진 마늘, 우유를 넣어 간을 맞추고 파를 넣어 완성하고 밥과 곁들인다.

✦ 　닭가슴살을 삶을 때 처음으로 올라오는 거품은 닭의 잡내나 불순물이 떠오르는 것이라 생각하고 걷어낸 뒤 채소를 넣으세요.

✦ 　4번 과정에서 숙주나물 한줌을 넣어 살짝 익혀 함께 먹어도 잘 어울려요.

✦ 　우유는 생략해도 좋지만, 뽀얀 국물이 시각적으로 더 구수하고 깊은 맛을 느끼게 해준답니다. 맛있는 닭곰탕을 위한 비밀 팁이에요!

뜨끈하고 개운한 힐링 메뉴

두부 콩나물 국밥

분량
1인분

소요시간
15분

준비
재료

| 주재료 |

밥 100g
두부 100g
콩나물 80g
청양고추 1개
대파 1/4대

| 양념 |

물 2컵
액젓 1큰술
간장 0.5큰술
고춧가루 0.5큰술
다진 마늘 0.3큰술
소금 한 꼬집
후춧가루

음식 만들기도 귀찮고, 집밥 한 그릇 후다닥 먹고 싶은 날! 시원한 국물에 밥을 왕창 넣어 말아 먹고 싶은 날도 있지요? 바로 그런 날 10분 컷으로 후다닥 시원한 콩나물 국밥을 만들어 보세요. 담백한 두부를 넣어 식물성 단백질은 채우고, 식이섬유 풍부한 아삭한 콩나물을 더한 집밥 스타일 메뉴랍니다.

콩나물에는 피로 회복을 돕는 아스파라긴산이 풍부해 힘들었던 하루를 뜨끈한 국물로 힐링할 수 있고, 수분이 풍부해 혈액 순환과 이뇨 작용에도 도움을 주어 붓기 제거에도 좋아요. 특별할 것 없지만, 혼밥러에게는 따뜻한 한 끼가 될 수 있을 것 같아 담아 보았어요. 대중적인 재료인 두부, 콩나물로 육수 낼 필요 없이 간단히 만드는 국밥으로 뜨끈하고 개운한 식단 해보세요!

1 두부는 작게 깍둑썰기 하고, 대파와 청양 고추는 송송 썬다. 콩나물은 깨끗하게 손 질해 둔다.

2 냄비에 물과 콩나물을 넣어 끓어오르면 두부, 액젓, 간장, 소금, 후춧가루를 넣어 간한다.

3 다진 마늘, 대파, 청양고추, 고춧가루를 넣어 한소끔 끓여 완성.

4 그릇에 밥을 담고 국을 곁들인다.

✦ 닭가슴살을 함께 끓이면 담백한 국물 맛이 더 살아나요.

✦ 김치를 송송 썰어 넣어 김치국 맛이 나게 끓여도 맛있어요. 단, 김치가 들어가면 2번 과정에서 소금은 빼주세요!

우리 몸을 젊게 만들어 주는 블랙푸드

흑임자 오트밀죽

분량
1인분

소요시간
5분

준비
재료

| 주재료 |

퀵오트밀 40g
건과류 25g
흑임자가루 2큰술
아몬드유 1팩(190ml)

| 양념 |

물 1/3컵
소금 한 꼬집

할매 입맛인 저는 죽집에서도 가끔 흑임자죽을 사 먹곤 했어요. 그런데 시판 흑임자죽은 당분이 많다 보니, 오트밀로 흑임자죽의 맛을 낼수 없을지 호기심이 생기더라고요. 몇 번의 다양한 조합을 거쳐 드디어 꿀조합을 찾아냈답니다. 흑임자의 고소함과 끝맛의 달달함은 지켜내고 더 든든하고 영양가 있게 즐길 수 있는 라미표 흑임자 오트밀죽! 흑임자는 블랙푸드의 대표적인 식재료로, 비타민E와 항산화물질이 다량 함유되어 있어 우리 몸을 젊게 만들어 주는 대표적인 항산화 식재료예요. 또한 식이섬유도 풍부하고, 혈압과 혈당을 개선하는 데 효과가 있어 다이어트나 건강 식단을 하는 우리에게 큰 도움이 되지요. 물론 지방이 주된 성분이기 때문에 과도한 섭취는 좋지 않아요.

1   견과류는 잘게 부수거나, 칼로 굵게 다진다.

2   전자레인지용 그릇에 견과류를 뺀 모든
재료를 담고 잘 섞어 전자레인지에 3분간
돌린다.

3   완성된 죽 위에 견과류를 토핑하여 완성.

✦   달콤한 흑임자죽을 선호한다면 2번 과정에서 스테비아 0.3큰술 또는 알룰로스 1큰술을 추가해 달달하게 즐겨 보세요.

✦   2번 과정에서 흑임자가루가 다 풀릴 수 있도록 잘 섞어야 죽이 뭉치지 않아요.

✦   저는 프로틴 아몬드유를 사용해 조금이라도 단백질을 추가하는 편이지만, 없다면 기본 맛의 아몬드유(오리지날 또는
언스위트), 두유, 귀리우유, 저지방우유를 같은 양 넣어 만들어도 좋아요!

살짝살짝 바꿔서 다양한 맛으로 즐겨요!

오트밀 카레 닭죽

분량
1인분

소요시간
5분

준비
재료

| 주재료 |

퀵오트밀 40g
닭가슴살(완제품) 100g
냉동 야채믹스 40g

| 양념 |

물 2컵
카레가루 1큰술

오트밀죽은 바쁜 아침이나 늦은 저녁 후다닥 만들어 먹기 참 좋은 메뉴예요. 그래서 저도 어떻게 하면 더 간단하고 먹기 딱 좋은 오트밀죽을 만들 수 있을까 하며 오트밀죽 레시피를 생각하곤 해요.

보편적으로 오트밀 닭죽은 정말 오래 전부터 많은 분들이 드시고 계시고 흔하게 알고 계시는데, 여기에 카레가루 조금만 추가하면 입맛 살아나고 눈이 번뜩 떠지는 맛난 오트밀죽이 탄생해요. 이 레시피를 통해 많은 분들께 초간단으로 살짝만 변형해도 여러 가지 맛의 오트밀죽 식단을 할 수 있다는 걸 알리고 싶었답니다!

1   냉동 야채믹스는 해동해서 잘게 다지고,
     닭가슴살은 작게 깍둑썰기 한다.

2   전자레인지용 그릇에 오트밀, 닭가슴살,
     야채, 물, 카레가루를 넣고 가루가 풀리도
     록 잘 섞은 뒤 전자레인지에 3분간 돌려
     완성.

✦   전자레인지에서 꺼낸 뒤 후춧가루를 살짝 뿌려 더 매콤하게 즐겨도 좋아요!

✦   물 대신 저지방우유나 아몬드유, 두유로 바꾸면 카레크림소스로 변신해서 색다른 맛을 즐길 수 있어요.

✦   카레가루에 전분이 함유되어 있어서 물을 넉넉히 넣었어요. 전자레인지에 돌린 뒤 너무 뻑뻑하면 물을 추가해 농도를
     맞춰 드세요.

초간단 재료로 만드는 행복한 아는 맛

오트밀 김 죽

분량
1인분

소요시간
5분

준비
재료

| 주재료 |

퀵오트밀 40g
달걀 1개
도시락 조미김 1봉(4g)

| 양념 |

물 2컵
소금 한 꼬집
참깨 한 꼬집
참기름 0.3큰술

다이어트 할 때 스트레스 받는 부분 중 하나가 바로 식재료를 구입하는 것이에요. 돈을 들여 많은 재료를 사둬야 하는 것이라고 하는 분들도 많더라고요. 이에 반해 오트밀 김 죽은 집에 있는 초간단 재료로 아는 맛의 화룡점정을 찍어 줄 메뉴예요. 사실 오트밀 김 죽이 탄생한 건, 제가 너무 배가 고픈데 냉장고가 텅 비어 있고 먹을 것이 없어 겨우겨우 재료를 모아 후다닥 만들게 된 거랍니다.

오트밀 김 죽을 드셔 본 분들은 샤브샤브 마지막쯤 만들어 먹는 죽 맛이라고 표현할 만큼 우리 모두가 아는 맛이에요. 저는 샤브샤브 죽을 먹기 위해 샤브샤브를 열심히 먹을 정도라 오트밀 김 죽이 입에 딱 맞답니다. 김치 한 점 곁들여 먹으면 행복한 미소가 스르륵 지어져요. 아이들도 잘 먹는다고 하니 온 가족의 간단한 아침식사로도 추천하는 메뉴랍니다.

1 도시락 조미김은 잘게 부순다.

2 전자레인지용 그릇에 오트밀, 물, 조미김, 소금, 참깨를 넣어 전자레인지에 2분 돌린다.

3 전자레인지에 돌린 죽에 달걀을 깨 넣고 섞은 뒤 다시 30초 돌린다.

4 참기름을 둘러 완성.

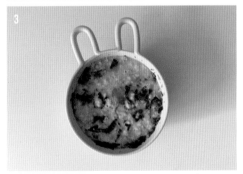

✦ 도시락김 대신 자르지 않은 조미김 2장을 부숴 넣으면 양이 맞아요.

✦ 죽의 점도는 물 양으로 원하는 만큼 조절이 가능해요.

✦ 오트밀 김 죽은 김치까지 곁들여야 완전체랍니다. 식단 시 끼니당 김치 50~60g 정도 곁들이면 충분해요. 김치의 간을 생각해서 만든 심심하고 고소한 맛의 죽이에요.

슬기로운 집콕 생활,
나만의 근사한 홈스토랑

집에서도 영양 가득 건강한 제철 식재료들의 조합으로 근사한 홈브런치를 차려 기분 내면 우리 집이 바로 홈스토랑!

가족과 간단하게 차려 먹기도 하고, 친구들이 놀러와도 빠르게 차려내

건강한 식단으로 홈스토랑 분위기를 낼 수 있는 메뉴들로 구성했어요.

········· 흔한 재료들이지만 라미만의 꿀조합으로 더 맛있고 야무지게 만들어진 레시피로 기분도 UP! 건강도 UP!

추억의 살찌는 맛, 다이어트 건강 버전으로 재탄생

몬테크리스토 샌드위치

분량
1인분

소요시간
15분

준비
재료

| 주재료 |

호밀식빵 1.5장
달걀 1개
저지방 슬라이스햄 1장
슬라이스치즈 1장

| 양념 |

무설탕 딸기잼 2큰술
소금 한 꼬집

패밀리 레스토랑의 인기 메뉴 추억의 '몬테크리스토'를 아시나요? 사실 기억 속의 몬테크리스토는 기름에 튀겨 더 기름지고 슈가파우더로 소복하게 장식해 단짠이 확실했던, 딱 한 입만 먹어도 눈이 번쩍 떠지는 '살찌는 맛'의 대표 메뉴였어요. 그래서 뚱보입맛인 제가 사랑했던 메뉴 중 하나고요.

요즘은 몬테크리스토라는 메뉴를 찾아보기 어렵지만, 제 기억 속에는 여전히 군침 도는 고급 브런치 메뉴로 남아 있어서 다이어트 버전으로 만들어 보았어요. 먹음직스러운 비주얼 살려 담백하고 영양가 있게요. 부족한 식이섬유는 몬테크리스토 옆에 샐러드 가득 담아 한 끼 식단으로도 충분하고 온 가족의 입맛에도 찰떡같이 맞을 메뉴예요. 같은 조합이지만, 더 예쁘게 차려 먹는 그 맛! 다들 아시죠?

1   식빵은 대각선으로 반 잘라 3장 준비하고, 치즈와 햄은 식빵 크기에 맞게 대각선으로 반 자른다.

2   식빵 - 딸기잼 - 햄 - 치즈 - 식빵 - 딸기잼 - 햄 - 치즈 - 식빵 순으로 쌓는다.

3   켜켜이 쌓은 빵을 다시 절반 자른다.

4   달걀과 소금을 풀어 달걀물을 만들어 빵 전체에 고루 스며들도록 흡수시킨 뒤 종이호일을 깔고 에어프라이어에 180℃로 5분 돌린다.

✦   에어프라이어가 없다면 원팬토스트로도 만들 수 있어요!

✦   저지방햄은 닭가슴살 슬라이스햄으로, 치즈는 피자치즈로 대체 가능해요.

✦   저는 크기가 큰 달걀인 대란 1개를 이용해서 딱 맞아 떨어졌는데, 달걀이 작아 양이 부족할 수 있으니 부족하면 추가하세요.

✦   요즘은 무설탕 잼이 시중에 너무 잘 나와 있어요. 무설탕이라고 해도 무분별하게 마구 먹으면 좋지 않지만, 끼니에 1~2큰술 곁들여 행복한 식단이 될 정도로만 즐기는 건 나쁘지 않답니다. 저는 몬테크리스토의 원조격인 딸기잼을 사용했지만, 블루베리, 살구, 포도잼 등 다양하게 맛을 바꿔도 좋아요!

알록달록 색감으로 눈이 즐거운 홈파티 메뉴

밀푀유 찜

분량 1인분 | 소요시간 15분

준비
재료

| 주재료 |

배추 6장
소고기(우둔살 슬라이스) 100g
깻잎 1묶음
청양고추 1개

| 양념 |

간장 1.5큰술
식초 2큰술
알룰로스 1큰술
굴소스 0.5큰술
다진 마늘 0.5큰술
후춧가루

밀푀유 전골은 많이 들어봤지만, 밀푀유 찜은 처음이죠? 국물 없이 촉촉한 밀푀유 찜은 전자레인지를 이용해 후다닥 만들 수 있는 그럴싸한 홈파티 요리예요. 배추와 깻잎의 풍부한 식이섬유와 소고기 우둔살의 든든한 단백질의 만남이 찰떡궁합일 뿐 아니라 곁들이는 소스에 입안이 너무나 행복해져요. 색감도 알록달록하니 예쁘고, 누구와 함께 먹어도 그럴싸한 요리를 대접하는 것 같아 다이어트 하는 기분도 들지 않아요. 물론 맛도 절대 다이어트 식단 느낌이 나지 않고요.

정량(100~130g)의 밥과 함께 담백한 반찬으로도 좋고, 탄수화물 폭탄의 일반식을 한 다음 날 가볍게 시작하는 식단으로도 추천해요!

1   청양고추는 잘게 다지고, 줄기 끝을 제거
    한 깻잎과 배추는 씻어서 준비한다.

2   배추 – 깻잎 – 우둔살 순서로 켜커이 쌓
    고, 손가락 두 마디 정도의 한입 크기로 자
    른다.

3   찜기 또는 내열 그릇에 세로로 꽉 차도록
    담아 랩을 씌운 뒤 구멍을 뚫어 전자레인
    지에 4분간 쪄낸다.

4   간장, 식초, 알룰로스, 굴소스, 다진 마늘,
    후춧가루, 다진 청양고추를 섞어 소스를
    만들어 곁들인다.

✦   소스는 찜 위에 뿌려도 좋고, 따로 내어 찍어 먹어
    도 좋아요. 겨자를 좋아한다면 기본 소스를 먹다
    가 연겨자를 곁들여 새로운 소스 느낌으로 즐길
    수 있어요. 소스 만드는 것이 귀찮다면 스리라차
    도 좋아요.

✦   양을 늘려 조리한다면 전자레인지에 돌리는 시간
    을 늘리세요.(양을 2배로 늘릴 경우 약 6분)

✦   우둔살 슬라이스 대신 돼지고기 안심 슬라이스,
    돼지고기 등심 슬라이스, 저지방햄 등도 잘 어울
    려요.

아삭한 식감이 입 속에서 팡팡!

브로콜리 달걀 샌드

분량
1인분

소요시간
20분

준비
재료

| 주재료 |

모닝빵(또는 호밀식빵) 2개
달걀 4개
브로콜리 100g

| 양념 |

소이마요 1큰술
머스터드 0.5큰술
소금 한 꼬집
후춧가루

달걀이 듬뿍 들어 있는 샌드위치는 지금 바로 해 먹을 수 있을 만큼 간
단하고, 누구나 편하게 먹을 수 있는 늘 힐링이 되는 메뉴 중 하나예
요. 저는 달걀과 궁합이 좋은 식재료들로 달걀 샌드위치를 자주 해 먹
는 편인데요, 이번엔 아삭한 식감을 더하고 영양궁합도 찰떡인 브로
콜리를 더해 건강한 달걀 샌드위치를 만들었어요! 단백질은 달걀로
가득 채우고, 부족한 식이섬유는 브로콜리로 더해 둘의 영양소를 방
해하지 않은 건강하고 푸짐한 샌드위치예요.
한입 가득 넣어 먹을 수 있도록 달걀범벅을 듬뿍 넣어 입이 터질 듯한
행복을 함께 느껴 봐요.

1   브로콜리는 전자레인지용 찜기에 3~4분
      간 쪄낸 뒤 잘게 다진다.

2   달걀은 찬물에 넣어 끓이기 시작해서 기포
      가 올라온 후 10분간 삶아 껍질을 깐다.

3   다진 브로콜리, 삶은 달걀, 양념을 모두 넣
      어 달걀을 으깨며 버무린다.

4   빵 사이에 달걀범벅을 가득 담아 완성.

✦   브로콜리는 데치는 것보다 찌는 게 비타민C 파괴
    를 줄일 수 있어요.

✦   냉동 브로콜리를 사용해도 좋아요. 다만 냉동 브
    로콜리는 해동 후 잘게 다진 후에 물기를 꼭 짜서
    제거한 뒤 사용하세요.

✦   일반 모닝빵 2개 정도면 다이어트 기간에도 한 끼
    정도는 식단으로 구성해도 괜찮아요. 요즘은 식
    이섬유가 풍부한 호밀 모닝빵도 쉽게 구할 수 있
    답니다.

꾸덕꾸덕 매콤한 맛! 내일 또 먹고 싶어요!

까르보 불닭 리소토

분량
1인분

소요시간
15분

준비
재료

| 주재료 |

퀵오트밀 40g
닭가슴살(완제품) 100g
양파 1/5개(40g)
청양고추 1개
저지방우유 1팩(190ml)
슬라이스치즈 1장

| 양념 |

스리라차 1.5큰술
올리브유 0.5큰술
다진 마늘 0.3큰술
소금
후춧가루
크러쉬드레드페퍼

전 세계적으로 히트한 불닭 라면 시리즈 중에서 가장 좋아하는 까르보 불닭! 너무나 중독적인 맛이라 다이어트 중에도 자꾸 생각이 나더라고요. 그래서 오트밀을 이용해 꾸덕꾸덕하고 매콤한 까르보 불닭의 맛을 따라잡아 버렸지 뭐예요.

흔한 재료를 이용해 까르보 불닭의 중독적인 맛을 충분히 느낄 수 있는 초간단 레시피예요. 처음 만들어 먹고 '1일 1 까르보 불닭 리소토'를 일주일간 했을 만큼, 한 번 먹으면 다음 날 또 생각나는 무한 반복 메뉴랍니다. 맵찔이도 우유의 고소한 맛으로 충분히 기분 좋게 즐길 수 있는 매운맛이에요. 다이어트 중 까르보 불닭 라면이 생각난다면 라면 끓이는 것만큼이나 간단한 까르보 불닭 리소토를 바로 만들어 보세요.

1   닭가슴살, 양파는 작게 깍둑썰기 하고, 청
    양고추는 얇게 썬다.

2   달군 팬에 기름을 두르고 중불에서 다진
    마늘, 크러쉬드레드페퍼, 양파, 닭가슴살
    을 넣어 볶는다.

3   양파가 투명해질 즈음 우유, 스리라차, 소
    금, 후춧가루, 청양고추, 오트밀을 넣고 끓
    인다.

4   되직해지면 치즈를 얹어 녹여 완성.

✦   저는 주로 스리라차 대신 매운 케첩으로 맛을 내
    지만, 다이어터라면 누구든 가지고 있을 스리라
    차로 레시피를 변경하였어요.

✦   기호에 따라 청양고추의 양을 늘려 더욱 맵게 맛
    을 낼 수 있답니다.

자투리 채소로 냉털한, 피자의 재구성

오트밀 피자컵빵

분량
1인분

소요시간
15분

준비
재료

| 주재료 |

퀵오트밀 40g
닭가슴살 소시지 1개
달걀 2개
피자치즈 2큰술
양파 1/4개(50g)
피망 1/4개(40g)
올리브 2개

| 양념 |

무설탕 케첩 2큰술
올리브유 0.5큰술
후춧가루
파슬리가루

다이어트 레시피 중에서도 피자 메뉴는 정말 무궁무진해요. 이번에는 오트밀을 이용한 피자컵빵으로 피자를 재구성해 봤어요. 만들기도 간단하고 도시락으로 싸기에도 좋아요. 특히 오트밀 피자컵빵은 냉장고에 있는 자투리 채소들을 이용해 냉털 메뉴로도 좋고, 채소 섭취가 많지 않은 날 채소도 함께 구성해 먹을 수 있는 식단이에요!

담아서 익히는 그릇에 따라 모양도 다양하게 변경할 수 있는 초간단 오트밀 이용 레시피랍니다. 심지어 양도 푸짐해서 다 먹고 나면 아주 든든하다고요.

1   소시지와 올리브는 얇게 썰고, 양파와 피
    망은 잘게 다진다.

2   오트밀, 달걀, 소시지, 양파, 피망, 올리브
    에 케첩과 후춧가루를 넣고 섞는다.

3   종이컵 또는 내열틀 안쪽에 기름을 발라 코
    팅한 후 반죽을 담고 피자치즈를 뿌린다.

4   에어프라이어에 180℃로 7분, 또는 전자
    레인지에 4~5분간 돌려 익힌 후 파슬리가
    루를 뿌려 완성한다.

✦   담는 그릇의 크기에 따라 익는 시간이 다를 수 있
    어요. 작은 그릇에 담았다면 저와 같은 시간에 익
    겠지만, 큰 그릇 사용시 에어프라이어에 10~11
    분, 전자레인지에 5~6분간 익혀 주세요.

✦   사용하는 에어프라이어나 전자레인지에 따라 더
    익혀야 하는 경우도 있으니 꼭 젓가락으로 깊숙
    이 찔러 차가운 반죽이 따라 나오지 않을 때까지
    익혀 주세요.

✦   치즈가 너무 노릇해지는 것이 싫다면, 2번 과정에
    피자치즈를 함께 섞어 그릇에 넣어 주세요.

✦   냉장고 사정에 따라 채소를 변경해도 좋지만, 올
    리브는 꼭 넣어야 피자 맛이 나더라고요.

배달 입맛도 맛있게 먹는

꿀마늘 보쌈 플레이트

분량
1인분

소요시간
30분

준비
재료

| 주재료 |

돼지고기(안심 수육용) 150g
잡곡밥 100g
상추 6장
묵은지 60g

| 꿀마늘 양념 |

다진 마늘 1큰술
꿀 1큰술
식초 1큰술
올리브유 0.5큰술

| 고기 삶는 양념 |

통후추 5알
시나몬파우더 0.5큰술

'꿀마늘 보쌈'은 보쌈이나 족발 메뉴 중에 달달 새콤한 마늘소스가 가득 올라간, 모두가 '아는 맛'이랍니다. 식단 관리를 하면서도 맘 편히 먹을 수 있게 건강한 라미표 꿀마늘 소스를 만들어 보았답니다. 역시나 안심 수육과 찰떡궁합이고, 어떤 고기와도 잘 어울려요. 심지어 삼겹살에도요.

그만큼 외식 입맛에 길들여진 분들도 맛있게 먹을 수 있는 소스예요. 꿀마늘 소스와 담백한 안심 수육, 그리고 싱싱한 쌈채소, 심심한 묵은지까지 함께하면 정말 꿀조합이랍니다.

마늘은 체력 증진 및 피로 회복에도 탁월하고, 혈관 질환과 당뇨에도 좋은 만큼 다이어트가 필요한 분들께도 참 좋은 식재료랍니다.

1 냄비에 고기가 잠길 정도의 물과 시나몬 파우더, 통후추를 넣고 20분간 삶는다. 물이 끓으면 중불로 줄인다.

2 묵은지는 양념을 씻어 한입 크기로 썰고, 상추는 깨끗이 씻어 준비한다.

3 다진 마늘과 올리브유를 섞어 랩을 씌운 뒤 전자레인지에 1분 돌리고 꿀, 식초를 넣어 꿀마늘 소스를 만든다.

4 수육은 먹기 좋게 썰어 접시에 담고 꿀마늘 소스를 얹어 밥, 상추, 묵은지와 곁들여 완성.

✦ 돼지고기의 잡내를 제거하기 위해 시나몬파우더와 통후추를 넣었지만, 없다면 집에 있는 후춧가루나 생강가루를 조금씩 넣어도 좋아요.

✦ 고기는 돼지고기 안심이 경제적이라 많이 사용하는 편이고, 돼지고기 수육으로 적합한 추천 부위는 사태, 앞다리살(살코기만)이에요. 아무래도 살코기 부위라 식으면 퍽퍽할 수 있어요. 바로 먹는 것이 좋겠지만, 도시락이라면 전자레인지에 살짝 돌려 따뜻하게 드세요. 돼지고기뿐 아니라 닭가슴살에 꿀마늘 소스를 얹어 먹어도 꿀맛이랍니다.

✦ 쌈채소는 간편하게 상추만 넣었는데 모둠쌈, 알배추, 데친 양배추 등 다양한 쌈채소와 어울리니 취향에 따라 풍성하게 많이 드세요!

가늘게 채 썬 양배추와 달걀의 꿀조합

길거리 토스트

분량
1인분

소요시간
20분

준비
재료

| 주재료 |

호밀식빵 2장
양배추 60g
달걀 4개
슬라이스 치즈 1장

| 양념 |

올리브유 0.5큰술
소이마요 1큰술
무설탕 케첩 1큰술
무설탕 딸기잼 1큰술

다이어트 중 길거리 음식은 너무나 큰 유혹이죠? 고소한 마가린에 흠뻑 젖은 빵 사이로 짭짤 달달 달걀과 채소가 가득한 길거리 토스트는 생각만 해도 침이 꼴깍 넘어가잖아요. 길거리 토스트에 듬뿍 뿌려진 설탕은 무설탕 딸기잼으로 대신하고 채소를 듬뿍 넣어 간단하게 만들어 보았는데, 모양도 예쁘고 단짠의 맛도 제대로 살아 있는 매력적인 토스트가 완성됐어요.

이제 길거리 음식의 유혹에도 지지 않을 거예요! 라미표 길거리 토스트가 더 두툼하고 맛나거든요.

1　양배추는 가늘게 채 썰고, 달걀을 풀어 섞는다.

2　달군 팬에 기름을 두르고 약불에 양배추 달걀 반죽을 길쭉하고 도톰하게 부쳐 반자른다.

3　빵은 에어프라이어에 180℃로 4분, 또는 달군 팬에 노릇하게 굽는다.

4　매직랩을 깔고 식빵 – 잼 – 달걀부침 – 치즈 – 달걀부침 – 소이마요 – 케첩 – 식빵 순으로 쌓은 뒤 매직랩으로 싸서 먹기 좋게 자른다.

✦　달걀 반죽은 충분히 달군 팬에 부어 약불로 속까지 은근히 익히는 것이 중요해요!

✦　달걀 반죽에 따로 소금 간을 하지 않아도 치즈와 케첩 등으로 충분한 간이 됩니다.

No 밀가루! No 버터! 건강한 탄수 식단

브로콜리 감자 수프

분량
1인분

소요시간
15분

준비
재료

| 주재료 |

감자 150g
브로콜리 100g
양파 1/4개(50g)
저지방우유 1팩(190ml)
삶은 달걀 1개

| 양념 |

올리브유 1큰술
물 1/2컵
소금 두 꼬집
후춧가루

뚱보 시절에는 뷔페에 가는 걸 굉장히 좋아했는데, 뷔페에 가면 꼭 수프로 시작을 했어요. 그중에서도 브로콜리 크림수프를 가장 좋아했는데, 다이어트 중에는 버터와 밀가루로 풍미를 낸 크림수프를 먹기엔 부담스럽더라고요. 그래서 감자와 브로콜리로 따뜻하고 기분 좋은 맛의 건강한 수프를 만들게 되었어요.

브로콜리의 식이섬유와 풍부한 비타민C, 엽산으로 다이어트 중 부족할 수 있는 영양소를 채워 주고, 감자는 적당한 양을 맞추어 먹으면 건강한 탄수화물 식단으로도 충분하답니다. 여기에 캐러멜라이징한 양파를 더해 감칠맛과 풍미를 주고, 부족한 단백질은 우유와 달걀로 보충해 가벼운 한 끼를 만들어 보았어요.

걸쭉하고 뜨끈한 수프가 당기는 날 색감도 사랑스러운 브로콜리 감자 수프로 맛있는 식단 즐겨 보세요.

1 　감자와 브로콜리는 큼직하게 썰고, 양파는 채 썰어 준비한다.

2 　브로콜리와 감자는 전자렌인지용 찜기에 넣어 5분간 찐다.

3 　냄비에 기름을 두르고 양파를 갈색이 되도록 볶은 후 감자, 브로콜리, 우유, 물을 넣는다.

4 　믹서로 갈아 소금, 후춧가루로 간하고 걸쭉한 농도로 끓여 완성하고 삶은 달걀을 곁들인다.

✦ 달걀 대신 닭가슴살도 잘 어울리는 조합이에요! 저는 뜨끈한 브로콜리 감자 수프는 달걀과 더 맛 궁합이 좋아서 달걀을 선택했답니다.

✦ 우유 대신 아몬드유, 두유, 귀리우유 모두 사용 가능해요.

✦ 믹서가 없으면 삶은 감자는 손으로 죽처럼 으깨고 삶은 브로콜리는 칼로 잘게 다져 건더기가 느껴지는 수프로 끓여도 매력적이에요. 농도가 되직하면 물을 조금씩 넣어가며 원하는 농도로 맞춘 뒤 소금으로 간을 더해요.

✦ 양파가 갈색이 되도록 볶아야 양파의 아린 맛이 없어지고 달큰한 맛이 수프의 감칠맛을 더해 줍니다.

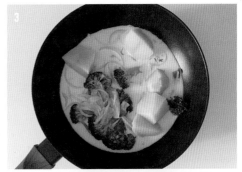

비주얼은 꼬치전, 맛은 금손 비주얼 토스트

게살 원팬토스트

분량
1인분

소요시간
10분

준비
재료

| 주재료 |

호밀식빵 1장
게맛살 70g
달걀 2개
슬라이스치즈 1장

| 양념 |

올리브유 0.5큰술

식빵 한 장으로 두툼하게 만드는 원팬토스트의 매력에 빠져 보세요. 비주얼은 산적(꼬치전) 같은데 맛은 딱 맛있는 토스트고, 만드는 방법이 재미있어서 SNS에서도 인기가 많았던 레시피예요. 요리 초보자도 금손처럼 보일 수 있는 비주얼이라 곁들임 채소나 과일만 있다면 #홈스토랑 #홈브런치 태그도 자신있게 달 수 있겠죠?

다이어트 식단의 포인트는 '같은 양을 얼마나 푸짐하게 늘려 먹을 수 있는가'잖아요. 식빵 1장에 게맛살 1봉이지만 누가 봐도 푸짐하고 건강한 토스트로 보여질 수 있는 기특한 라미표 원팬토스트랍니다. 무설탕 케첩, 머스터드, 스리라차, 소이마요, 무설탕 잼 등 어떤 소스와도 꿀조합이랍니다.

1 식빵은 5등분하여 자르고, 맛살은 4등분
  한다.

2 달걀은 깨서 잘 풀어 달걀물을 만든다.

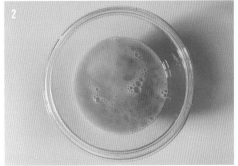

3 달군 사각팬에 기름을 두르고 '식빵 – 맛살
  – 식빵 – 맛살 – 식빵'을 번갈아 놓아 팬
  을 채운다.

4 약불로 줄인 후 3위에 달걀물을 부은 뒤
  60% 이상 익었을 때쯤 반쪽에 슬라이스
  치즈를 얹고 반을 접어 속까지 고루 익혀
  완성.

✦ 게맛살은 어육 함량 70% 이상의 제품을 추천합
  니다. 제품 뒷면의 영양성분을 꼭 확인하세요.

✦ 3번 과정에서 팬 바닥쪽에 맛살의 붉은색이 닿도
  록 놓으면 완성 후 알록달록 예쁜 토스트가 돼요.

✦ 치즈가 부담된다면 생략해도 좋고, 슬라이스 치
  즈 대신 피자치즈, 파마산치즈도 좋아요.

✦ 사각팬이 없다면 둥근 팬에 해도 OK! 대신 모양
  은 반달이 되겠죠?

썬 피자는 살 안 쪄요!

아보카도 썬 피자

분량
1인분 | 소요시간
15분

준비
재료

| 주재료 |

또띠아(6인치) 1장
아보카도 1/2개
삶은 달걀 1개
피자치즈 3큰술(30g)

| 양념 |

알룰로스 1큰술
소이마요 0.5큰술
머스터드 0.5큰술

혼자만의 여유로운 브런치를 하고 싶던 어느 날, 간단하게 만들어 먹었는데 너무 맛있어서 SNS에도 소개했던 메뉴예요! 또띠아를 도우로 하고, 식물성 버터인 고소한 아보카도를 가득 올리고, 삶은 달걀과 치즈로 단백질도 챙긴 또띠아를 도우로 만든 가벼운 썬 피자랍니다. 냉장고에 있는 과일도 함께 곁들여 먹으면 더욱 푸짐하고 조화로운 브런치 한상이 될 거예요.

느끼할 수 있는 아보카도의 맛을 머스터드와 소이마요가 잡아 주어 조화롭고, 탄수화물이 부담스러운 분들을 위해 작은 또띠아 한 장으로도 충분히 포만감 넘치는 조합으로 식단이 가능하도록 구성했어요. 매콤한 맛을 좋아한다면 크러쉬드레드페퍼를 뿌려 중간중간 씹힐 때의 매콤함까지 팡팡 느껴 보세요.

1　아보카도와 삶은 달걀은 얇게 썬다.

2　또띠아 위에 소이마요와 머스터드를 얇게
　펴 바른다.

3　소스를 바른 또띠아 위에 피자치즈를 고
　루 뿌려 에어프라이어에 180℃로 5분 굽
　는다.

4　구워낸 또띠아 위에 아보카도와 삶은 달
　걀을 얹고 알룰로스를 뿌려 완성.

✦　알룰로스 대신 발사믹크림을 곁들여 보세요! 예
　상치 못한 맛궁합에 행복한 미소가 지어집니다.

✦　소이마요와 머스터드가 없다면 무설탕 케첩 1.5
　큰술로 대체 가능해요.

✦　피자치즈가 없다면 슬라이스 치즈 1장을 찢어 넓
　게 뿌려 대체해도 좋아요.

색감도 찰떡, 식감도 찰떡

시금치 달걀 오픈토스트

분량
1인분

소요시간
15분

준비
재료

| 주재료 |

호밀식빵 1장
달걀 2개
시금치 120g
닭가슴살 소시지 1개

| 양념 |

올리브유 1큰술
소금 한 꼬집
후춧가루

좋지 않은 음식 궁합으로 시금치와 달걀이 유명한데 그 이유는 시금치의 옥살산 성분이 달걀 노른자의 철분과 반응해 철분의 흡수를 떨어트리기 때문이에요.

하지만 달걀에 없는 식이섬유와 비타민이 시금치에 풍부하고, 시금치에 부족한 단백질은 달걀에 풍부해서 영양궁합이 마냥 나쁘지 않아요. 시금치에는 철분 흡수를 돕는 비타민C와 망간, 엽산 등이 있어서 오히려 빈혈에 좋고, 시금치와 달걀을 함께 섭취하면 달걀이 헤모글로빈 합성에 필요한 단백질을 보충하는 역할을 해 효과가 높아지니 '시금치와 달걀은 절대 같이 먹으면 안 돼!'라는 편견은 버려도 괜찮아요. 시금치가 달달한 쌀쌀한 계절에 후다닥 볶은 시금치에 스크램블드에 그의 조합을 꼭 드셔 보세요. 색감도 예쁘지만, 식감도 조화로운 그럴싸한 브런치메뉴랍니다.

1 소시지는 칼집을 내고, 시금치는 깨끗이 씻어 뿌리를 제거한다. 시금치가 너무 길다면 길이를 절반 자른다.

2 기름 없는 팬에 식빵을 노릇하게 굽는다. (또는 에어프라이어에 180℃로 4분 조리)

3 달군 팬에 올리브유 0.5큰술을 두르고 팬 반쪽엔 달걀 스크램블, 반쪽엔 소시지 구이를 한다.

4 달군 팬에 올리브유 0.5큰술을 두르고 시금치를 소금, 후춧가루를 뿌려 숨이 죽도록 볶아 식빵 − 볶은 시금치 − 달걀 − 소시지 순으로 얹어 완성.

✦ 소스는 취향껏 뿌려 먹으면 되는데 알룰로스 1큰술을 뿌리면 단짠 조합, 스리라차를 뿌리면 맵짠 조합이 되어 제법 잘 어울린답니다.

자투리 빵, 냉동실 빵이 근사한 브런치 메뉴로!

단짠 브레드푸딩

분량
1인분

소요시간
25분

준비
재료

| 주재료 |

빵 자투리 35g(또는 식빵 1장)
저지방 슬라이스햄 1장(30g)
달걀 2개
저지방우유 1컵
슬라이스치즈 1/2장
피자치즈 1큰술
슬라이스올리브 1큰술

| 양념 |

대추야자시럽 1큰술
소금 한 꼬집

영국의 대표적인 디저트 메뉴인 브레드푸딩은 원래 가난한 서민들이 오래 묵어 굳은 빵을 모아 만들어 먹던 메뉴예요. 지금은 일부러 만들어 먹는 가정식일 만큼 맛도 좋고 만들기도 쉬워 많은 이들에게 사랑받는 소울푸드랍니다.

예전엔 식빵 한 봉지를 그 자리에서 후다닥 비워버렸지만, 다이어트를 하면 빵 먹는 속도가 유통기한을 따라 가지 못하더라고요. 다이어트 식단을 만들기 위해 샀다가 결국 냉동실로 가서는 기억에서 잊혀진 빵이 있지 않나요? 아니면 빵 끝 부분만 남아서 처치 곤란일 때도 있죠.

이런 빵을 모아 겉은 바삭하고 속은 촉촉한 브레드푸딩으로 재탄생시켰답니다. 샐러드까지 곁들인다면 더욱 완벽한 영양 구성이 되겠죠?

1 빵과 햄은 숟가락에 올라갈 만한 크기(가로 세로 2cm 정도)로 자른다.

2 내열(오븐) 용기에 우유, 달걀, 소금을 풀어 달걀물을 만든다.

3 달걀물에 잘라 둔 빵과 햄, 올리브를 넣고 그 위에 두 가지 치즈를 고루 얹는다.

4 완숙은 에어프라이어에 170℃로 20분, 촉촉한 미디움은 180℃로 15분 조리한다. 대추야자시럽을 뿌려서 완성.

✦ 저지방 햄 대신 닭가슴살 햄이나 소시지로 대체해도 어울리고, 올리브 대신 냉동블루베리나 건과일을 이용해도 조화로워요.

✦ 대추야자시럽 대신 알룰로스 또는 꿀로 만든 시럽(꿀 1 : 물 1)이나 무설탕 잼과 곁들여도 좋아요.

누가 봐도 건강 소스 두부크림으로 포만감 UP!

콩샐러드

분량
1인분

소요시간
15분

준비
재료

| 주재료 |

또띠아(8인치) 1장
두부 100g
삶은 병아리콩 100g
통조림 옥수수 30g
통조림 완두콩 30g

| 양념 |

소이마요 1.5큰술
알룰로스 0.5큰술
레몬즙 1큰술
소금 한 꼬집
후춧가루

콩이 밭에서 나는 소고기인 건 모두가 아는 사실이죠? 콩에는 이소플라본이 풍부해 특히 여성들에게 추천하는 식재료이기도 하죠. 저는 영양사 일을 할 때 콩샐러드를 애용했어요. 물론 일반식으로 제공하는 메뉴였기 때문에 마요네즈와 설탕으로 맛을 내어 기호도를 높였지만, 지금 소개하는 레시피는 두부크림으로 포만감과 단백질은 살리고 살찔 부담감은 낮췄어요.

바삭한 또띠아칩에 듬뿍 얹어 먹는 콩샐러드는 식감도 풍부해서 제가 즐겨 먹는 메뉴이기도 합니다. 밥도 빵도 다 싫고 그냥 간식 같은 메뉴가 먹고 싶은데 영양은 챙기고 싶다면 라미표 콩샐러드를 추천할게요.

1   믹서기에 두부와 모든 양념을 넣고 곱게
         간다.

2   또띠아는 한입 크기로 등분하여 에어프라
         이어에 겹치지 않게 깔고 180℃로 6분 구
         워 또띠아칩을 만든다.

3   옥수수, 완두콩, 병아리콩에 모든 양념을
         넣어 콩샐러드를 버무린다.

4   접시에 콩샐러드를 담고 또띠아칩과 곁들
         인다.

✦   에어프라이어가 없으면 기름 없는 팬에 바삭하고
     노릇하게 앞뒤로 구우면 돼요.

✦   통조림 옥수수, 통조림 완두콩이 없다면 병아리
     콩만으로도 충분히 맛있어요. 오이, 샐러리를 잘
     게 썰어 넣어도 잘 어울립니다.

✦   매콤한 맛을 좋아한다면 레몬즙 대신 스리라차
     0.5큰술로 변경해 보세요.

쫀득 바나나 오트밀 와플

분량
1인분

소요시간
15분

준비 재료

| 주재료 |
바나나 1개
퀵오트밀 50g
견과류 30g

| 양념 |
올리브유 0.5큰술
시나몬파우더 0.5큰술
대추야자시럽 1큰술

밥도 싫고 면도 싫고 샐러드도 싫어! 식사류는 다 안 당기고 주전부리만 먹고 싶은 날도 있어요. 마음 같아서는 빵을 한가득 쌓아 두고 먹고 싶지요.

입이 심심한 날엔 식감 쫀득한 바나나 오트밀 와플로 달달함 채우고 씹는 맛을 더해, 다이어트 히스테리를 잠재워 보세요.

오트밀과 바나나가 만나 만들어 낸 쫀득한 식감은 빵과 떡의 중간 느낌이고, 바나나의 은은한 향과 시나몬의 조합은 달달함을 더 극대화시켜 줘요. 이마저도 부족해서 더 달달한 걸 원한다면 대추야자시럽을 조금 곁들여 나만의 홈카페 디저트 플레이트를 만들어 눈과 마음을 만족시켜 주는 건 어떨까요? 포크와 나이프도 함께 챙겨 소중하게 한 입 한 입, 마치 이곳이 브런치 맛집인 것처럼 혼자만의 티타임 같은 식단을 해보세요.

1 바나나는 껍질을 제거하고 포크로 으깬 뒤 오트밀을 넣고 잘 비벼 10분간 불린다.

2 불린 반죽에 시나몬파우더를 넣고 반죽을 완성한다.

3 와플팬에 기름을 고루 바르고 반죽을 넣은 뒤 넓고 편편하게 펴 앞뒤로 노릇하게 굽는다.

4 그릇에 와플과 견과류를 담고 기호에 따라 대추야자시럽을 곁들인다.

✦ 시나몬 향이 싫다면 생략해도 좋아요. 바닐라오일이 있다면 조금 곁들여 풍미를 더해 주세요.

✦ 바나나 대신 고구마나 단호박도 가능해요. 반죽이 너무 되면 우유, 두유, 물 등을 조금씩 넣어 조절하세요.

✦ 바나나 오트밀 와플은 탄수화물, 단백질, 지방의 구성이 완성형인 식단이 아니에요. 스트레스 해소용으로 탄수화물을 플렉스했으니, 단백질은 따로 곁들여도 되고 다음 끼니에 탄수화물을 제외하고 단백질과 채소를 두 배로 듬뿍 구성하면 됩니다.

탄단섬 골고루 챙기고 칼로리는 낮춘 '밥심' 메뉴

영양사로 살아온 10년 동안 탄수화물, 단백질, 식이섬유, 좋은 지방 모두 쏙쏙 넣어 식단을 만들어 먹는 것이 일상이 되었어요. 그리고 영양사 다이어터로 살고 있는 지금! 3대 영양소인 탄수화물, 단백질, 지방에 식이섬유까지 골고루 챙기는 건 기본이고, 살찔 걱정은 낮추면서도 푸짐하고 든든한 밥 메뉴를 맛있게 잘 챙겨 먹고 있답니다. .... 그렇게 좋은 밥 메뉴를 저만 알고 있을 수는 없어서 고르고 골라 여러분께 소개합니다!

설탕 없이 짭조름한 먹부림 OK!

착한 찜닭 덮밥

분량
1인분

소요시간
20분

준비
재료

| 주재료 |

잡곡밥 100g
닭가슴살(생) 100g
고구마 30g
양배추 40g
브로콜리 40g
양파 30g
당근 20g

| 양념 |

물 2/3컵
간장 3큰술
알룰로스 1.5큰술
다진 마늘 1큰술
굴소스 0.5큰술
참기름 0.3큰술
후춧가루
참깨

다이어트 중에도 달달하고 짭조름한 찜닭이 너무 당기는 날이 있어요. 하지만 식당에서 판매하는 찜닭은 '당 덩어리'라고 해도 무방할 만큼 설탕이나 당의 사용량이 많아요. 그래야 단짠의 맛을 극대화시킬 수 있으니까요.

생각보다 건강하지 못한 메뉴 중 하나인 찜닭을 다이어트를 하거나 건강한 식단을 할 때에도 먹을 수 있도록 고민해 보았답니다. 고구마의 달달함이 조금은 아쉬운 단맛을 채워 주고, 알록달록 풍성한 채소들이 눈도 행복하게 하고 장도 건강하게 해주는 착한 찜닭을 만들어 밥과 곁들여 먹으면 세상 든든하고 행복할 거예요.

1 닭가슴살, 양배추, 양파, 브로콜리는 작게
  깍둑썰기 하고 고구마, 당근은 얇게 썬다.

2 팬에 모든 양념을 넣어 끓인 뒤 중불에서
  닭가슴살, 고구마를 넣고 닭가슴살을 50%
  이상 익힌다.

3 양파, 당근, 브로콜리, 양배추를 넣고 양념
  이 잘 스며들도록 익혀서 완성.

4 그릇에 밥을 담고 찜닭을 얹어 먹는다.

✦ 채소는 냉장고 사정에 맞춰 다양하게 대체 가능
  하지만, 고구마는 꼭 넣어야 맛이 좋아요. 냉동 야
  채믹스로도 조리가 가능합니다.

✦ 완제품 닭가슴살을 사용할 경우 간이 되어 있는
  경우가 많기 때문에 간장은 2큰술만 넣어 주세요!

다이어트 묵밥

분량
1인분

소요시간
15분

준비
재료

| 주재료 |

도토리묵 150g
잡곡밥 100g
오이 1/4개(40g)
김치 40g
달걀 1개
김가루

| 양념 |

올리브유 0.5큰술
물 1 1/2컵
식초 2큰술
간장 1큰술
액젓 1큰술
알룰로스 1큰술
참깨
얼음

시원한 냉국이 생각나는 여름이나 입맛이 없는 봄날에 상큼하고 개운한 도토리묵 냉국에 든든하게 밥을 말아 먹는 묵밥은 어떠신가요? 날씨에 따라 얼음까지 동동 띄워 먹으면 집에서도 묵밥 맛집 부럽지 않은 비주얼의 행복한 한 끼를 먹을 수 있어요.

시판 냉면육수를 사용하면 입에 착 붙는 맛을 낼 수 있지만, 당도 높고 조미료도 너무 많이 들어가 있어 건강식을 하는 중에는 맞지 않아요. 그래서 육수 낼 필요 없이 초간단으로 만들 수 있는 레시피를 준비했으니 육수 걱정은 접어 두고, 후다닥 만들어 호로록 드셔 보세요.

기온이 오르기 시작하는 6월부터 한여름인 8월까지는 냉국으로 즐기고, 따뜻한 묵밥이 당기는 날에는 양념에서 식초와 얼음을 빼고 만든 육수에 묵을 넣어 한소끔 끓여 온묵밥으로 즐겨도 좋아요.

1   김치는 송송 썰고, 묵은 굵게 채 썰고, 오
    이는 가늘게 채 썬다.

2   달군 팬에 기름을 두르고 달걀을 풀어 지
    단을 부쳐 채 썰어 고명을 만든다.

3   볼에 물, 간장, 액젓, 식초, 알룰로스를 잘
    섞어 육수를 만든다.

4   면기에 밥을 담고 육수, 얼음, 묵, 달걀, 오
    이, 김치, 김가루, 참깨를 얹어 완성.

✦   지단이 타지 않도록 약불에 은근히 익혀 주세요.

✦   고소한 맛을 좋아한다면 기호에 따라 참기름 한
    두 방울 곁들여 주세요!

✦   김가루가 없다면 조미김으로 대체하거나 빼도 됩
    니다.

✦   생각보다 묵은 탄수화물 함량이 적지 않아, 너무
    많은 양은 다이어트 식단으로 적당하지 않아요.
    양을 꼭 지켜 주세요.

가지의 물컹 식감이 싫은 초딩 입맛도 반하는

상큼 가지 덮밥

분량
1인분

소요시간
15분

준비
재료

| 주재료 |

잡곡밥 130g
가지 1개
닭가슴살(완제품) 100g
어린잎채소 20g

| 양념 |

올리브유 1큰술
식초 2큰술
간장 1큰술
물 1큰술
연겨자 0.5큰술
올리고당 0.3큰술
소금 한 꼬집
후춧가루

채널A의 '몸신'에 출연했을 때 소개한 라미 레시피예요. 당시 패널분들도 깜짝 놀라며 맛있게 드셨던 바로 그 메뉴! 상큼한 겨자소스를 곁들여 먹는 가지 덮밥이에요. 가지를 싫어하는 분들도 쉽게 접근할 수 있도록 가지의 물컹거리는 식감이 덜 느껴지게 닭가슴살과 함께 구웠어요. 가지는 100g에 16kcal의 낮은 칼로리뿐 아니라 식이섬유가 풍부해 포만감을 높여 주는 식재료예요. 보랏빛 색소인 안토시아닌이 풍부해 항산화 작용에도 효과적이니 가지를 싫어할 이유 이젠 없겠죠? 차갑게 먹어도 맛이 좋아서 도시락메뉴로도 추천하고, 입맛이 없는 봄, 여름(4~8월)이 가지의 제철이니 든든하고 입맛을 돋우는 초간단 레시피로 가지에 대한 두려움도 극복해 보자고요!

1 가지와 닭가슴살은 깍둑썰기 하고, 어린
　　잎채소는 깨끗이 씻어 둔다.

2 에어프라이어에 종이호일을 깔고 가지,
　　닭가슴살, 소금, 후춧가루, 올리브유를 잘
　　섞어 넣은 뒤 180℃로 7분 조리한다.

3 간장, 물, 식초, 연겨자, 올리고당을 섞어
　　상큼소스를 만든다.

4 밥 위에 어린잎채소, 닭가슴살 가지구이
　　를 얹고 기호대로 상큼소스를 곁들인다.

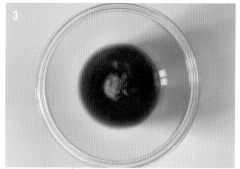

✦ 가지는 기름과 조리 시 영양소 흡수율을 높여 주
　　니까 레시피에 사용하는 기름의 양을 두려워하지
　　마세요!

✦ 어린잎채소 대신 샐러드채소나 쌈채소를 곁들여
　　도 좋아요.

매콤달달한 캔 고추참치 맛을 그대로!

고추참치 덮밥

분량
1인분

소요시간
15분

준비
재료

| 주재료 |

잡곡밥 130g
캔 참치 100g
양배추 40g
양파 1/4개(50g)
당근 10g
통조림 옥수수 2큰술
청양고추 1개

| 양념 |

고추장 1큰술
올리고당 1큰술
고춧가루 0.5큰술
간장 0.5큰술
다진 마늘 0.3큰술
올리브유 0.3큰술
참깨
후춧가루

간편하게 먹을 수 있는 단백질원으로 '캔 참치'가 의외로 괜찮아요. 양질의 깔끔한 어류 단백질을 가성비 좋게 섭취할 수 있거든요.

기본 참치도 맛있지만, 저는 매콤달달한 고추참치를 참 좋아해요. 고추참치 한 캔이면 밥 한 공기 뚝딱! 하던 학생시절이 떠올라 만들어 본 메뉴예요. 물론 시중의 캔 참치처럼 달달함과 감칠맛은 덜하지만 더 건강하고 가볍고 든든하게 만들었으니 고추참치 러버들은 꼭 도전해 보셨으면 하는 메뉴입니다.

냉장고 사정에 따라 어떤 채소든 변경하여 응용 가능한 냉털 메뉴니까 캔 참치 하나 있다면 든든하고 푸짐한 한 끼 완성 고추참치 덮밥 꼭 드셔 보세요.

1 양배추, 당근, 양파, 청양고추를 잘게 썬다.

2 참치는 기름을 빼고 준비한다.

3 달군 팬에 기름을 두르고 썰어 둔 채소를
   살짝 볶은 뒤 참치, 옥수수, 양념을 모두
   넣고 볶는다.

4 밥 위에 고추참치를 얹는다.

✦ 통조림 옥수수는 생략 가능하고, 채소는 냉장고
   사정에 따라 변경 가능해요.

✦ 참치 기름을 더 제거하고 싶다면, 참치 위에 뜨거
   운 물을 부어 기름을 씻어내세요.

어느 계절에도 봄향기를 느낄 수 있는

두부 달래 덮밥

분량
1인분

소요시간
15분

준비
재료

| 주재료 |

두부 150g
잡곡밥 130g
달래 한 줌(20g)

| 양념 |

올리브유 1큰술
간장 1큰술
고춧가루 0.3큰술
참기름 0.3큰술
참깨

영양사 일을 하면서 봄마다 꼭 준비한 메뉴가 '두부 달래 무침'이에요. 이걸 이용해 봄을 담은 건강한 식단으로 만들어 봤어요. 요즘은 달래도 사계절 내내 마트에서 볼 수 있을 만큼 재배환경이 좋아졌고, 가격도 안정적이고 저렴해서 좋아하는 재료 중 하나예요. 특히 고소한 간장양념에 잘 어울려서 두부, 달래, 간장양념만 있다면 밥도둑이 아니라 밥강도라고 해도 될 정도죠. 제철인 봄에 영양소가 더 풍부하겠지만, 어느 계절에 먹어도 봄 맛을 느낄 수 있을 만큼 산뜻한 두부 달래 덮밥! 너무 간단하지만 또 든든하기까지 해서 벌써부터 많은 사랑을 받은 메뉴랍니다.

특히 이 메뉴는 일반식을 하는 친구들도 너무 좋아하는 메뉴라 간단히 식사 대접하고 칭찬받기 좋아요.

1 달래는 깨끗이 씻어 송송 썰고, 두부는 한 입 크기로 작게 깍둑썰기 한다.

2 달군 팬에 기름을 두른 뒤 두부의 전체 면을 노릇하게 굽는다.

3 간장, 고춧가루, 참기름, 참깨를 섞어 양념장을 만든다.

4 그릇에 밥을 깔고 구운 두부와 달래를 얹은 뒤 양념장을 넣어 비벼 먹는다.

✦ 팬을 사용하는 것이 번거롭다면 두부에 기름을 골고루 바르고 에어프라이어에 180℃로 10분 조리하세요.

✦ 달래 본연의 알싸함을 즐기는 것을 선호하지만, 더 매콤한 맛을 추가하고 싶다면 양념장에 청양 고추를 더해 보세요.

✦ 달래도 좋지만 부추, 세발나물, 참나물, 냉이와도 잘 어울리는 두부구이와 양념장이니까 다양하게 즐겨 보세요.

식이섬유 덩어리에 감칠맛 가득한

고사리 볶음밥

분량
1인분

소요시간
20분

준비
재료

| 주재료 |

잡곡밥 100g
닭가슴살(완제품) 100g
데친 고사리 100g
대파 약간

| 양념 |

간장 1큰술
다진 마늘 0.5큰술
올리브유 0.5큰술
들기름 0.3큰술
후춧가루
참깨

밭에서 나는 소고기라 불릴 정도로 영양 듬뿍 감칠맛 가득한 고사리
는 봄이 제철이지만, 수입도 하고 말려서 팔기도 하기 때문에 요즘은
사계절 내내 쉽게 구할 수 있는 재료예요.

고사리 볶음밥에는 파, 마늘을 꼭 넣어 주세요. 특별한 양념 없이 파,
마늘 기름만으로 맛있는 볶음밥이 되기도 하지만, 고사리와 파, 마늘
은 영양궁합이 아주 좋답니다. 고사리에 풍부하게 함유된 비타민 B₁
과 파, 마늘에 풍부한 알리신은 함께 요리하면 영양 밸런스를 잘 맞춰
줘요. 뿐만 아니라 식이섬유 덩어리인 고사리는 변비와 부종 제거에
탁월하고 피부 미용과 뼈 건강에도 아주 좋으니 식단에 자주 넣어 주
면 좋겠죠?

1 닭가슴살은 작게 깍둑썰기 하고, 고사리는 2cm 정도로 송송, 대파는 잘게 다진다.

2 달군 팬에 기름을 두르고 중불에서 대파와 마늘을 넣어 향을 낸다.

3 닭가슴살, 고사리, 간장, 후춧가루, 들기름을 넣고 양념이 배도록 볶는다.

4 물기가 다 없어질 즈음 밥을 넣고 잘 섞어가며 볶아 참깨를 뿌려 완성.

✦ 데친 고사리를 사용할 경우 전처리 과정을 생략할 수 있어 편리해요. 만일 고사리의 쓴맛이 느껴진다면 전날 찬물에 고사리를 담가 충분히 고사리의 쓴맛을 제거한 후 사용하세요.

✦ 조금 더 시간이 허락한다면, 3번에서 볶기 전에 위생장갑을 끼고 고사리에 양념을 넣어 바락바락 주물러 양념이 깊게 배게 한 후 볶으면 고사리가 더 부드럽고 맛있어요! (생략해도 되는 과정이에요.)

전으로 먹어도, 덮밥으로 먹어도 좋아요!

팽이버섯 달걀동

분량
1인분

소요시간
15분

오랜 시간 다이어트를 하다 보면, 어느 순간에는 육류를 먹고 싶지 않는 날도 와요! 안 그럴 것 같지만 만사가 귀찮고 고기가 안 당기는 날이 정말 옵니다. 그럴 땐 팽이버섯의 식감과 달걀의 보드라움을 느낄 수 있는, 든든하지만 가벼운 덮밥으로 한 끼를 해결하기도 했는데, 주변 친구들이나 가족들도 좋아해서 메뉴로 넣게 되었어요. 가격도 착한 팽이버섯 달걀동의 식재료 중 특히 팽이버섯은 낮은 열량도 매력적이지만 풍부한 식이섬유로 다이어트 중 든든함을 주기도 하고, 장 건강에도 좋고, 항산화 및 면역력에도 좋은 식재료예요. 또한 철분과 칼륨도 가득해요.

팽이버섯에 부족한 단백질은 달걀이 대신하고, 달큰한 덮밥소스로 촉촉하고 마음까지 따스해지는 한 그릇 드셔 보세요.

1 팽이버섯은 밑동을 잘라 가지런히 찢고 대파는 송송 썬다.

2 달걀 2개를 풀어 달걀물을 만든다.

3 달군 팬에 기름을 두르고 팽이버섯을 가 지런히 채운 뒤 달걀물을 부어 아랫면을 노릇하게 굽는다.

4 전이 노릇하게 구워지면 미리 간장, 물, 알 룰로스, 후춧가루를 섞어 둔 소스를 넣어 전 전체에 스미도록 끓인 뒤 파를 올리고 밥 위에 얹는다.

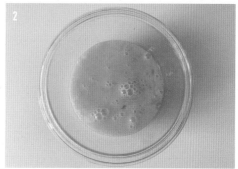

✦ 사각팬이 없다면 둥근팬에 놓고 해도 괜찮아요! 팽이버섯이 가득 찰 만한 사이즈의 팬이 모양이 더 예쁘게 나와요.

✦ 밥이 당기지 않거나 전 끼니, 다음 끼니에 탄수화 물을 많이 먹을 예정이라면 전만 부쳐 먹어도 충 분해요.

✦ 매운 맛을 좋아한다면 소스에 청양고추를 추가해 보세요!

✦ 팽이버섯 외에 어떠한 버섯이든 응용 가능하고, 단백질을 더 보충하고 싶다면 팽이버섯 위에 닭 가슴살을 찢어 올려도 좋아요.

닭갈비 볶음밥

분량
1인분

소요시간
15분

준비
재료

| 주재료 |

잡곡밥 130g
닭가슴살(완제품) 100g
달걀 1개
양파 1/2개(100g)
깻잎 1묶음
김가루

| 양념 |

올리브유 1큰술
간장 1큰술
고추장 0.5큰술
다진 마늘 0.3큰술
후춧가루
참깨

영양사로 근무할 당시 자주 제공했던 메뉴 중 하나였던 닭갈비 볶음밥. 저는 닭갈비를 먹는 이유가 마지막에 먹는 볶음밥 때문이기도 한데, 저만 그런 거 아니죠?

다이어트를 하는 중에도 바로 그 맛을 볼 수 있도록 건강식 버전 닭갈비 볶음밥 레시피를 가져왔어요. 매콤달콤한 양념에 향긋한 깻잎 향, 고소한 김가루까지 딱 우리가 아는 그 맛이랍니다!

밥 양이 많지 않은데도 닭가슴살에 달걀프라이까지 단백질이 푸짐해서, 정량대로 만들어 먹어도 충분히 포만감을 준답니다. 대량 조리해서 밀프랩하여 냉동했다가 먹어도 그 맛 그대로 너무 맛있어요.

1 닭가슴살, 양파는 작게 각둑썰기 하고 깻
잎은 줄기를 따라 2등분 후 채 썬다.

2 달군 팬에 기름 0.5큰술을 두른 뒤 달걀프
라이를 한다.

3 달군 팬에 기름 0.5큰술을 두르고 중불에
서 양파와 닭가슴살을 볶다가 양파가 투
명해지면 모든 양념을 넣어 볶는다.

4 밥, 깻잎, 김가루를 넣고 잘 섞으며 볶은
뒤 달걀프라이를 얹는다.

✦ 김가루가 없다면 생략하고 참기름을 조금 넣어도
맛이 좋아요.

✦ 다른 채소들이 있다면 더 추가해서 볶아도 맛있
어요.

건강한 시골밥상 느낌 물씬 나는
포슬포슬 콩비지밥

분량
1인분

소요시간
15분

준비
재료

| 주재료 |

잡곡밥 100g
콩비지 60g
돼지고기(등심) 60g
김치 40g
청양고추 1개

| 양념 |

올리브유 0.5큰술
소금 한 꼬집

다이어트 전의 음식들을 맛나게 그대로 먹고 싶은 욕망을 담아 비지찌개에 밥 비벼 먹는 맛을 구현해 봤어요. 원래 저희 집에서는 삼겹살을 이용해 일반식으로 자주 해 먹던 메뉴인데, 지방은 낮추고 저염으로도 충분히 맛을 낼 수 있도록 만들었어요. 한식러버라면 사랑할 수밖에 없는 조합이고 식물성 단백질과 동물성 단백질이 만나 포만감도 높아 기분 좋은 건강식 집밥의 느낌을 누릴 수 있어요.

비지를 두부를 만들고 남은 찌꺼기라고만 생각하면 오산이에요. 콩비지는 100g당 약 80kcal의 낮은 열량에 고단백 식품일 뿐 아니라, 식이섬유도 풍부한 데다가 가격도 착해서 온 가족이 함께 먹기에 딱 좋을 메뉴예요. 콩비지는 소분하여 냉동 보관했다가 하나씩 꺼내 사용하면 편리합니다.

1   고기와 김치는 잘게 썰고, 청양고추는 얇게 썬다.

2   달군 팬에 기름을 두르고 고기에 소금 간을 해서 볶는다.

3   고기가 거의 익으면 김치를 넣어 볶는다.(2, 3에서 재료가 타지 않도록 불 세기를 조절하세요.)

4   고기와 김치가 어우러지면 약불로 줄이고 밥, 콩비지, 청양고추를 넣어 잘 섞으면 완성.

✦   청양고추는 기호에 따라 추가하거나 빼도 괜찮아요.

✦   마트에 판매하는 콩비지는 묽어서 콩비지밥을 할 경우 질어질 수 있어요. 포슬포슬한 콩비지밥을 원한다면 재래시장 두부집에서 판매하는 콩비지를 추천해요!

피자 볶음밥

분량
1인분

소요시간
15분

준비
재료

| 주재료 |

잡곡밥 100g
닭가슴살 소시지 2개
청피망 1/4개(40g)
양파 20g
올리브 10g
피자치즈 2큰술

| 양념 |

무설탕 케첩 2큰술
올리브유 0.5큰술
후춧가루

어릴 때 즐겨 먹던 케첩볶음밥의 맛을 기억하시나요? 저는 초등학생 때도 혼자서 케첩볶음밥을 자주 해 먹었는데요, 케첩의 새콤달콤한 맛이 밥과도 잘 어울려서 참 좋아하던 메뉴예요. 그 추억의 맛을 다이어터가 된 지금도 즐겨 먹는데, 한층 더 업그레이드해서 피자를 그리워하는 마음을 담아 피자 재료를 넣어 피자맛 볶음밥을 자주 만들어 먹어요.

다이어트 식단을 하면서 알게 됐는데 볶음밥이 은근히 만들기 쉽고 밀프랩하기도 좋은 조리법이더라고요. 채소도 많이 섭취할 수 있고 냉장고 털이도 할 수 있는 알뜰한 레시피이기도 해요.

치즈를 녹이는 동안 팬 밑바닥에 눌어붙는 볶음밥 누룽지는 사랑이니까 은근한 불에 꾜옥 눌러서 드세요.

1 양파, 청피망은 잘게 깍둑썰기 하고, 올리브와 닭가슴살 소시지는 얇게 썬다.

2 팬에 기름을 두르고 중불에서 양파와 소시지를 볶아 익힌 뒤 청피망과 케첩을 함께 볶아 섞는다.

3 중불에서 밥, 올리브, 후춧가루를 넣고 잘 섞으며 볶는다.

4 볶음밥 위에 피자치즈를 얹고 뚜껑을 덮어 치즈를 녹여서 완성.

✦ 무설탕 케첩이 없으면 토마토소스로 대체해도 맛있어요.

✦ 팬 뚜껑이 없으면 호일로 팬을 덮어 치즈를 녹여주세요.

✦ 채소는 집에 있는 다른 채소로 대체 가능하지만, 올리브는 꼭 넣어야 피자볶음밥 맛이 살아나요.

달달한 꿀과 알싸한 마늘의 환상적인 만남

꿀마늘 불고기 덮밥

분량
1인분

소요시간
15분

준비
재료

| 주재료 |

잡곡밥 130g
소고기(우둔살 슬라이스) 100g
양파 1/2개(100g)
상추 6장

| 양념 |

간장 2큰술
다진 마늘 1.5큰술
꿀 1큰술
후춧가루

꿀과 마늘의 맛조합, 영양조합은 널리 알려져 있어요. 꿀, 마늘을 키워드로 검색하면 수많은 정보가 나올 만큼 둘의 케미는 유명하답니다. 달달한 꿀과 알싸한 마늘은 맛조합도 훌륭하지만 영양궁합이 더 좋아요. 요즘 가장 이슈가 되는 면역력 증진에 도움을 주는 것은 물론이고, 혈액순환 촉진, 피로 회복에도 도움을 주니 다이어터와 건강에 신경 쓰는 분이라면 놓치지 말아야 할 식재료예요.

꿀과 마늘 조합으로 다양한 레시피가 있는데 그중에서도 소불고기 양념에 곁들였을 때 조합이 좋답니다. 주의할 점이 있다면, 마늘향이 듬뿍 들어 있는 메뉴니까 맘 편하게 집에서 즐기도록 해요.

1   깨끗이 씻은 상추와 양파는 채 썰고, 고기
     는 한입 크기로 자른다.

2   고기에 모든 양념을 넣고 섞는다.

3   달군 팬에 양념한 고기와 양파를 넣고 중
     약불로 타지 않게 익혀 밥, 상추와 곁들여
     먹는다.

✦   우둔살 대신 소고기 등심(기름 제거), 돼지고기
     등심, 닭가슴살, 훈제오리로도 가능하니 재료에
     구애받지 말고 양념 그대로 응용해 보세요.

✦   함께 곁들이는 채소 역시 상추가 없다면, 샐러드
     채소나 양상추, 양배추 등 다양한 잎채소를 곁들
     여 보세요. 아삭아삭한 식감도 함께 더하면 맛도
     영양도 더욱 좋으니까요.

야무지게 눌러 먹어야 제 맛!

감자탕 볶음밥

봉작
1인분

소요시간
20분

준비
재료

| 주재료 |

잡곡밥 100g
돼지고기(다짐육) 100g
깻잎 1묶음
김치 40g
팽이버섯 1/2봉
김가루

| 양념 |

물 1/2컵
들깨가루 1큰술
고춧가루 1큰술
된장 0.5큰술
간장 0.5큰술
다진 마늘 0.3큰술
후춧가루

닭갈비 볶음밥에 이어서 감자탕 볶음밥까지 가져와 버렸어요! 닭갈비 볶음밥처럼, 감자탕을 먹고 가장 마지막에 먹는 바로 그 볶음밥의 맛을 재현하고 싶었어요. 물론, 건강한 다이어트 레시피로요.

오랜 시간 끓여낸 국물 맛에 볶는 맛까지 따라잡을 수는 없었지만, 감자탕 볶음밥의 느낌 팍팍 느끼며 맛있게 먹었던 이색 볶음밥이라 소개하려고 해요. 들깨가루는 킬링 포인트이니 꼭 넣어 주세요!

보글보글 지글지글 끓이거나 볶아 먹는 한식 외식의 화룡점정은 마지막 볶음밥이지요. 사실, 저는 마지막 볶음밥을 먹기 위해 그 메뉴를 먹는다고 해도 과언이 아닐 정도로 볶음밥에 진심인 사람이에요. 그래서 더욱더 살짝 누룽지가 생긴 감자탕 볶음밥이 마음에 들더라고요. 다이어트 볶음밥이라고 닭가슴살과 채소만 넣는 늘 같은 볶음밥만 드셔 보셨다면 이 볶음밥 꼭 드셔 보시길!

1   김치와 밑동을 제거한 팽이버섯은 찢어서
송송 썰고, 깻잎은 줄기를 따라 세로로 자
른 뒤 잘게 썬다.

2   다짐육에 물과 들깨가루를 뺀 양념을 넣
어 버무려 재운다.

3   달군 팬에 물, 양념에 재워둔 다짐육, 김
치, 팽이버섯을 넣어 끓이듯 볶아 물기가
사라질 때까지 중불에 익힌다.

4   밥과 깻잎, 김가루, 들깨가루를 넣어 잘 볶
아서 완성.

✦   누룽지가 눌도록 바짝 눌러 주면 더 맛있게 먹을
수 있으니 취향껏 조절해 주세요.

✦   취향에 따라 참깨 조금과 참기름 0.3큰술 정도를
더 추가하면 고소하게 즐길 수 있어요.

✦   된장은 시중에 판매하는 재래된장 또는 미소된장
을 이용하면 좋고, 집된장을 사용할 경우라면 0.3
큰술 정도의 소량만 이용해도 충분해요.(하지만
집된장은 향이 너무 강해서 추천하지 않아요.)

세종대왕도 즐겨 드시던 궁중식을 다이어트 식단으로!

닭가슴살 맥적 덮밥

분량
1인분

소요시간
20분

준비
재료

| 주재료 |

잡곡밥 130g
닭가슴살(완제품) 100g
양배추 60g
깻잎 1/2묶음

| 양념 |

미소된장 1큰술
알룰로스 0.5큰술
참기름 0.5큰술
다진 마늘 0.3큰술
간장 0.3큰술
올리브유 0.5큰술

돼지고기를 된장으로 양념하여 직화로 구워 먹던 음식인 '맥적'은 고구려의 기원인 맥족이 먹던 직화 꼬치구이에서 유래되었다고 해요. 조금은 생소한 맥적은 된장으로 양념하여 생각보다 친숙한 맛이 나고 고추장보다 순하고 구수한 맛이 어떤 고기종류와도 잘 어울린답니다. 세종대왕이 즐겨 드시던 궁중요리이기도 한 맥적은, 대학시절에 궁중요리를 배우며 돼지고기로 만들어서 먹었어요. 된장 양념의 고기구이가 생각보다 너무 맛있었는데 닭가슴살로 만들어 덮밥으로 먹어도 궁합이 정말 좋아서 꼭 소개하고 싶었어요.

한식이지만, 조금 특별하게 즐길 수 있는 맥적! 다이어트 식단도 궁중 스타일로 만들어 보자고요.

1   닭가슴살은 먹기 좋게 자르고, 양배추와
     깻잎은 가늘게 채 썬다.

2   모든 양념을 잘 섞어 맥적소스를 만든 뒤
     닭가슴살에 고루 묻힌다.

3   달군 팬에 기름을 두른 뒤 양념이 타지 않
     도록 중불에서 양념한 닭가슴살을 노릇하
     게 굽는다.

4   그릇에 밥, 양배추, 깻잎을 담고 닭가슴살
     맥적구이를 올려 덮밥 완성.

✦   팬을 사용하기 귀찮다면 에어프라이어에 180℃로
     5분간 가볍게 구워서 올려 먹어도 좋아요.

✦   미소된장은 재래된장 0.5큰술로 대체해도 좋아요.

✦   양념이 타지 않도록 중불에 노릇하게 익히는 것이
     포인트예요. 살짝 눌러 붙은 된장소스가 매력적인
     메뉴!

강된장에 밥 비벼 먹던 꿀맛, 아이도 어르신도 좋아해요

두부 된장 덮밥

분량
1인분

소요시간
15분

준비
재료

| 주재료 |

잡곡밥 100g
두부 150g
소고기(우둔살) 100g
양파 20g
청피망 20g

| 양념 |

물 1/3컵
미소된장 1큰술
알룰로스 1큰술
고춧가루 0.5큰술
참기름 0.5큰술
다진 마늘 0.3큰술
올리브유 0.3큰술
참깨

다이어트를 하는 동안은 고추장보다 된장을 많이 사용하게 되더라고요. 아무래도 고추장은 탄수화물이나 당이 더 많이 함유되어 있다 보니 맛을 내려고 더 넣기에는 소심해지거든요. 하지만 된장은 탄수화물 함량이 고추장보다 덜하고 같은 양의 고추장보다 염분이 많아 소량만 사용해도 간이 충분해서 좋아요. 그래서인지 저는 된장을 이용한 식단도 많이 해 먹는 편이에요.

이번에 소개할 간단하고 맛난 덮밥은 마치 강된장에 밥을 비벼 먹는 기분이 드는 '두부 된장 덮밥'이에요. 맵기 조절을 하면 어린아이도 즐길 수 있고, 어르신들에게 대접해도 풍요로운 한식 밥상 느낌이라 손색없는 메뉴랍니다. 시간과 방법에 있어서 가성비 최고이니 꼭 도전해 보세요!

1 우둔살, 양파, 청피망은 채 썰고, 두부는 깍둑썰기 한다.

2 모든 양념을 잘 섞어 된장소스를 만든다.

3 달군 팬에 올리브유를 두르고 우둔살을 익힌 뒤 물기 없도록 강불에서 양파, 청피망을 넣어 양파가 살짝 투명할 때까지 볶는다.

4 두부와 된장소스를 붓고 고루 섞이도록 끓여 밥 위에 얹어 먹는다.

✦ 우둔살은 기호나 상황에 따라 닭가슴살, 돼지고기(등심, 안심)로 변경해도 맛있어요.

✦ 아이들과 함께 먹을 때는 고춧가루를 빼주세요.

✦ 미소된장이 없다면 시판 재래된장은 0.5큰술, 집된장은 0.4큰술로 양을 조절해 주세요.

찬 바람 불기 시작하는 가을, 3대 영양소 야무지게 챙기는

소고기 무나물 덮밥

분량
1인분

소요시간
20분

준비
재료

| 주재료 |

잡곡밥 100g
무 150g
소고기(우둔살 슬라이스) 100g
대파 약간

| 양념 |

간장 1큰술
올리브유 0.5큰술
들기름 0.5큰술
다진 마늘 0.3큰술
소금 두 꼬집
참깨

'무밥'을 아시나요? 무채를 가득 넣고 간 소고기를 넣어 밥을 지어 양념 간장에 비벼 먹지요. 무의 달달함이 한창 오른 바람이 불어오는 가을에 지어 먹으면 더욱 꿀맛인 무밥은 물을 계량하기 어려워 선뜻 만들기 어렵더라고요. 그래서 저는 무나물을 만들어 밥에 곁들여 비벼 먹는 방법으로 무밥을 즐기고 있어요.

무는 풍부한 식이섬유로 장운동을 활발하게 해주고, 콜레스테롤의 흡수와 급격한 혈당 상승을 억제해 주어 다이어터들에게 여러모로 이로운 식재료예요!

무는 천연소화제로도 불리는데 어른들이 소화가 안 되면 생무를 깎아 드시기도 하죠. 이는 무에 있는 소화효소인 '아밀라아제' 덕분이에요. 아밀라아제는 열에 약해 생으로 먹어야 효과가 있으니 참고하세요.

1 무는 채 썰고, 대파는 얇게 썬다.

2 무채에 들기름, 간장, 소금을 넣어 10분간
절인다.

3 달군 팬에 올리브유를 두르고, 절인 무채
를 절일 때 나온 국물과 함께 넣고, 파, 마
늘을 넣어 중약불로 은근히 볶는다.

4 무가 60% 익을 즈음 우둔살을 넣어 함께
익혀낸 뒤 밥 위에 얹고 참깨를 뿌려 마무
리한다.

✦ 우둔살 대신 돼지고기 등심, 닭가슴살 등을 이용
해도 좋아요. 또는 무나물만 듬뿍 얹어 달걀프라이
2개만 곁들여도 완벽한 식사가 완성.

✦ 매운 것을 좋아하는 분들은 청양고추 1~2개를 얇
게 썰어 함께 볶아도 매콤하니 맛있어요!

날 좋은 날 소풍 도시락으로도 좋아요

묵비빔밥

분량
1인분

소요시간
15분

준비
재료

| 주재료 |

밥 100g
도토리묵 150g
달걀 2개
상추 6장(30g)
오이 1/4개(40g)
김가루

| 양념 |

올리브유 0.5큰술
소금 한 꼬집

| 비빔장 양념 |

간장 1큰술
고춧가루 0.3큰술
참기름 0.3큰술
참깨

저는 실내 유산소인 런닝이나 사이클이 지겨운 날이면, 동네 낮은 산을 자주 올랐어요. 코로나로 인해 실내 체육시설이 문을 닫았던 시기에는 아침마다 등산을 했는데, 내려오면 이상하게 비빔밥 종류가 당기더라고요. 특히 산을 내려오다 식당의 '도토리묵' 글자만 봐도 먹고 싶어지는 기분 아시나요?

마트에서 묵 1팩을 사면 2~3명이서도 푸짐하게 묵 비빔밥을 만들어 먹을 수 있으니 경제적이기도 하고, 냉장고 속 채소를 한 번에 해결할 수 있는 1석 2조의 레시피랍니다. 도토리묵이 씁쓸해서 싫다면 청포묵, 올방개묵 등 다른 묵으로도 활용 가능해요.

날 좋은 날 초간단 묵 비빔밥 도시락 싸들고 등산 가서 먹는 꿀맛을 꼭 느껴 보세요!

1   상추는 잘게 자르고 묵과 오이는 채 썰어
    준비한다.

2   묵을 말랑하게 만들기 위해 뜨거운 물에
    약 5분간 담갔다가 건져 물기를 뺀다.

3   달걀을 푼 뒤 소금간 하여 달걀물을 만들
    고, 달군 팬에 기름을 두르고 약불에서 은
    근하게 지단을 부친 뒤 돌돌 말아 채 썰어
    준비한다.

4   그릇에 밥, 묵, 채소, 달걀, 김가루를 담고
    양념장을 섞어 함께 곁들인다.

✦   묵도 생각보다 탄수화물 함유량이 있어서 너무 많
    은 양을 드시면 다이어트 식단으로 적당하지 않아
    요! 양을 꼭 지켜 주세요.

✦   비빔 채소는 냉장고 사정에 맞게 남은 자투리 재료
    들로도 얼마든지 대체가 가능하니까 냉털 레시피
    로 활용도 굿!

✦   김가루가 없다면 집에서 드시는 조미김을 부숴 곁
    들여도 좋고, 생략해도 됩니다.

푸짐한 양에 놀라고, 만들기 쉬워서 또 놀라고

배추 볶음밥

분량
1인분

소요시간
15분

준비
재료

| 주재료 |

잡곡밥 100g
닭가슴살(완제품) 100g
배추 4장(100g)
대파 약간

| 양념 |

굴소스 1큰술
올리브유 0.5큰술
소금 한 꼬집
후춧가루
참깨

닭가슴살의 단백질과 아삭한 배추의 풍부한 식이섬유소가 찰떡궁합을 이루는 탄단지섬 완벽한 초간단 배추볶음밥!

배추는 사계절 내내 가격 변동이 크지 않아 경제적인 식재료이며, 제철인 11~12월 겨울철에는 특히나 달아서 어떤 음식을 해도 맛이 좋을 뿐 아니라 영양도 더 가득하답니다. 배추는 수분 함유량이 높아 이뇨작용에 도움을 주어 붓기 제거에도 좋고, 열량이 낮고 식이섬유가 풍부해 장활동에 도움을 주어 변비 개선 효과도 있어 다이어트 중에도 참 좋은 식재료예요.

냉동실에서 잠자고 있는 닭가슴살 하나 꺼내서 배추와 함께 후다닥 볶아 간단하고 빠르게 차려 먹거나 도시락을 싸기도 좋은 메뉴라서 추천합니다!

1 닭가슴살과 배추는 잘게 깍둑썰기 하고,
대파는 잘게 자른다.

2 달군 팬에 기름을 두른 후 중불에서 대
파를 볶아 향을 낸다.

3 닭가슴살, 배추를 넣고 참깨를 뺀 모든 양
념을 넣어 볶는다.

4 밥을 넣고 잘 섞어 볶은 뒤 참깨를 뿌려 완
성한다.

✦ 배추 대신 알배추나 양배추로도 대체 가능해요! 닭
가슴살 대신 돼지고기 안심, 등심, 소고기 우둔살,
달걀 등으로 다양하게 단백질을 교체해서 먹어도
좋아요.

✦ 달걀프라이를 얹어 더욱 맛있고 푸짐하게 즐길 수
있어요.

호로록 넘어가는 재미가 매력적인

순두부 카레 덮밥

분량
1인분

소요시간
15분

준비
재료

| 주재료 |

잡곡밥 100g
순두부 200g
양파 1/4개(50g)
양배추 40g

| 양념 |

물 1/2컵
카레가루 1.5큰술
올리브유 0.5큰술
소금
후춧가루

저는 카레를 정말 사랑하는 자타공인 카레러버인데요, 평범한 카레에 순두부만 더해 주면 담백한 맛이 매력적이고 포만감과 단백질까지 챙겨 주는 가벼운 한 끼 순두부 카레 덮밥을 만들 수 있어요. 보통 카레 하면 오색빛깔의 다양한 채소를 이용해 만드는 것이 일반적이지만, 채소가 그렇게 많지 않은 날도 있죠? 저도 순두부 카레를 처음 해 먹던 날에 정말 집에 채소가 없고 특별한 재료도 없더라고요. 그때 있던 게 딱 양파와 순두부였는데, 그것만 넣어도 충분히 맛있고 포만감 넘치는 식단이 되어 정말 만족했던 레시피예요!

순두부가 으깨지며 카레에 스며드는 것이 가장 매력적이고, 밥과 함께 비비면 호로록 넘어가는, 먹는 재미도 있는 마성의 순두부 카레랍니다!

1 양파, 양배추는 채 썰어 준비한다.

2 팬에 기름을 두르고 중불에서 양파를 갈색이 되도록 볶은 뒤 양배추, 소금, 후춧가루를 넣어 볶는다.

3 물, 카레가루, 순두부를 넣어 끓인다.

4 밥 위에 순두부카레를 얹으면 완성.

✦ 순두부 카레는 채즙과 순두부에서 나오는 물이 많아 물을 1/2컵만 넣고 조리해 심심한 맛을 살려야 매력이 살아나요.

✦ 냉장고에 있는 다른 채소를 넣어도 좋고, 미리 2인분 양으로 만들어 한 끼는 바로 먹고 한 끼는 냉동하여 보관했다가 해동해 먹어도 좋아요.

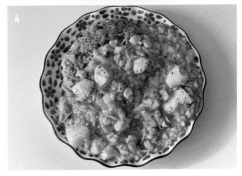

집구석 식단으로 방방곡곡
미식 세계 여행

해외 여행 떠나고 싶은 사심 가득 담아서 만든 라미표 식탁 세계 여행! 저는 오로지 먹기 위해
해외 여행을 떠나곤 했는데요, 시국이 시국인지라 그럴 수가 없지요. 그리운 그 맛들을 다이어터 버전으로
재연해서 먹으며 여행 대리만족도 하고 이국적인 식단으로 지루한 식단에 재미도 쏠쏠하게 드리고 싶었어요.
.... 한식, 일식, 양식, 중식 조리 기능사 모두를 섭렵한 라미의 미식 세계 여행 탑승 시작합니다!

3일 연속으로 먹어도 또 먹고 싶은

면두부 오코노미야키

분량
1인분

소요시간
15분

준비
재료

| 주재료 |

면두부 100g
양배추 80g
저지방햄 30g
달걀 2개
가쓰오부시 한 줌(5g)

| 양념 |

올리브유 1큰술
무설탕 케첩 1큰술
알룰로스 1큰술
소이마요 1큰술
굴소스 0.5큰술
후춧가루

오코노미야키 소스는 대부분 너무 달아서 먹을 엄두를 내지 못하는데, 저만의 꿀조합으로 충분히 달달하고 맛있는 오코노미야키를 즐길 수 있도록 만들었답니다.

라미 레시피는 면두부를 넣어 식감과 영양을 더 살리고 포만감을 더 오래 지속할 수 있도록 든든하게 만든 면두부 오코노미야키예요.

친구들이나 손님이 와도 함께 차려 식단을 먹을 수 있을 정도로 너무 맛있고 비주얼도 좋아요. 식어도 맛있어서 도시락으로 싸도 행복하게 먹을 수 있어요. 한 번 만들어 먹고는 3일 연속 저의 식단을 책임져 준 메뉴랍니다.

1   양배추는 얇게 채 썰고, 햄은 2cm 길이로
       굵게 채 썬다.

2   면두부, 양배추, 햄, 달걀, 후춧가루를 잘
       섞어 반죽을 만든다.

3   달군 팬에 기름을 두르고 중약불에서 반
       죽 전체를 부어 앞뒤로 노릇하게 익힌다.

4   부쳐낸 반죽을 접시에 옮겨 담고 굴소스,
       케첩, 알룰로스를 고루 펴바르고 그 위에
       마요네즈를 짠 뒤 가쓰오부시를 얹어 완성.

✦   마요네즈는 비닐팩에 담아 묶은 뒤 뾰족한 아래
     쪽을 가위로 작게 잘라 구멍을 낸 뒤 뿌리면 가늘
     고 예쁘게 모양 내어 뿌릴 수 있어요. 굴소스+케
     첩+알룰로스 조합 대신 무설탕 바비큐소스가 있
     다면 이용해도 아주 맛이 좋아요.

✦   양배추 외에 양파, 당근 등 다양한 채소를 추가해
     도 좋아요.

✦   저지방햄 대신 닭가슴살햄, 새우, 닭가슴살, 게맛
     살, 캔 참치, 돼지고기, 소고기 등 다양한 단백질
     원으로 교체하여 풍성하게 즐겨 보세요.

달걀 반쎄오

분량
1인분

소요시간
20분

준비
재료

| 주재료 |

달걀 2개
숙주 100g
새우 80g
느타리버섯 60g
상추 5장(30g)

| 양념 |

올리브유 1큰술
피시소스 1큰술
다진 마늘 0.3큰술
소금 한 꼬집
후춧가루

동남아 음식을 너무너무 사랑하는 1인으로서 베트남 여행에서 먹었던 '반쎄오'의 첫경험은 잊을 수 없는 행복 그 자체였어요. 원조 반쎄오는 녹두 반죽으로 부쳐낸 얇은 전 위에 각종 재료를 넣어 라이스페이퍼에 채소와 함께 싸 먹는 메뉴였는데, 저는 간단히 달걀전으로 감싸 단백질 풍부한 건강 메뉴로 만들어 보았어요.

저탄수화물 메뉴로 탄수화물이 부담스러울 때 먹으면 좋고, 반쎄오에 라이스페이퍼를 곁들여 싸 먹어도 3대 영양소를 고루 갖춘 완벽 식단이 될 수 있어요. 간단하지만, 이국적인 맛과 그럴싸한 홈스토랑 느낌도 낼 수 있는 굿성비 달걀 반쎄오!

알록달록 색감까지 눈으로도 맛있게 즐기세요.

1 숙주, 상추를 깨끗이 씻은 뒤 상추는 한입 크기로 자르고, 느타리버섯은 찢어 둔다.

2 달군 팬에 기름 0.5큰술을 두르고 새우를 굽다가 버섯, 숙주, 다진 마늘, 피시소스, 소금, 후춧가루를 넣어 속재료를 볶는다.

3 달걀을 풀어 달군 팬에 기름 0.5큰술을 두른 뒤 약불로 줄여 지단을 부치듯 달걀물을 펴고 50% 익힌다.

4 반쪽에 속재료를 넣고 반을 접어 상추와 함께 곁들인다.

+ 기호에 따라 스리라차를 곁들여도 맛있어요.

+ 피시소스가 없다면 액젓 0.5큰술로 대체하고, 다진 마늘이 없다면 생략해도 괜찮아요.

+ 상추 대신 샐러드 채소와 같은 어떤 잎채소를 곁들여도 좋아요.

라이스페이퍼로 쫀득쫀득 꿔바로우 식감 즐기는

다이어트 탕수육

분량
1인분

소요시간
30분

준비
재료

| 주재료 |

돼지고기(안심) 130g
라이스페이퍼 6장
양파 20g
파프리카 1/4개(40g)

| 양념 |

물 1/2컵
올리브유 1큰술
간장 1큰술
알룰로스 1큰술
식초 1큰술
소금 한 꼬집
후춧가루

| 전분물 |

물 1큰술
전분 1큰술

이번 책에는 '중식(중화요리)'을 즐길 수 있는 메뉴도 꼭 담아 달라는 의견을 굉장히 많이 받았어요. 짜장과 짬뽕도 다이어트 버전으로 넣었으니 짜장, 짬뽕과 짝꿍인 탕수육도 빼놓을 수 없잖아요? 그래서 비주얼도 맛도 합격, 제 맘에 쏙 드는 레시피를 만들었어요.

라이스페이퍼를 이용해 튀김반죽을 대체했는데 겉은 바삭 속은 쫄깃한 찹쌀 탕수육 같은 기분도 들고, 속은 두툼하니 꽉 차서 처음 만들어 먹고는 흡족해서 연이어 몇 번이나 더 해 먹었던 메뉴랍니다.

SNS에 요리 영상을 올렸을 때도 신박하다며 반응도 정말 좋았으니, 탕수육이 당기는 날 꼭 드셔 보세요!

1 안심은 0.5cm 굵기로 먹기 좋게 채 썰고, 양파와 파프리카는 깍둑썰기 한다.

2 안심에 소금, 후춧가루로 간해서 버무려 주고, 라이스페이퍼는 4등분 후 찬물에 적신 뒤 안심을 넣어 돌돌 만다.

3 라이스페이퍼 겉면에 기름을 고루 펴바른 뒤 에어프라이어에 180℃로 10분 돌린 뒤 다시 뒤집어 3~4분 돌린다.

4 물 1/2컵, 간장, 알룰로스, 식초를 넣어 끓이고 양파, 파프리카를 넣어 익힌 뒤 전분물을 풀어 소스를 만들어 탕수육에 곁들인다.

✦ 간장 대신 같은 양의 무설탕 케첩으로 변경하면 추억의 케첩 탕수육소스로 즐길 수 있어요.

✦ 전분물을 부으며 재빨리 저어야 전분이 뭉치지 않아요. 초보자들은 중약불을 추천해요.

✦ 탕수육 소스에 들어가는 채소는 냉장고 상황에 따라 알록달록 예쁘게 바뀌도 좋아요. 추천 채소는 피망, 오이, 당근, 적양배추, 버섯 등이고, 냉동 야채믹스도 가능합니다.

냉장고 속 어떤 채소를 털어넣어도 좋은

커리 인 헬

분량
1인분

소요시간
20분

준비
재료

| 주재료 |

호밀식빵 1장
달걀 2개
닭가슴살 소시지 2개
양파 1/4개(50g)
방울토마토 5개
브로콜리 30g
피자치즈 2큰술

| 양념 |

물 1컵
무설탕 케첩 2큰술
카레가루 1큰술
올리브유 0.5큰술
다진 마늘 0.3큰술
후춧가루
파슬리가루

'에그 인 헬'이라는 메뉴는 한 번쯤 드셔 보셨거나 들어 보셨을 거예요.
그럴싸한 비주얼에 비해 만드는 법이 간단하고 들어가는 재료들이 건
강해서 식단으로도 자주 해 드시는 메뉴이기도 하죠. 토마토소스에
빠진 반숙 달걀 모습이 지옥에 빠진 달걀 같다고 해서 음식 이름이 붙
여졌다는 재밌는 설도 있어요.
에그 인 헬을 자주 해 먹다 보면 질리는 순간이 오는데, 그래서 노란빛
카레로 색다른 맛을 더해 봤어요. 이국적이고 맛도 더 좋더라고요!
들어가는 채소류는 냉장고 속 어떤 채소들과도 잘 어울려서 냉털 메
뉴로도 손색이 없답니다. 채소도 가득 섭취할 수 있는 좋은 메뉴라서
추천해요.

1 양파, 닭가슴살 소시지는 얇게 썰고, 브로
콜리와 방울토마토는 한입 크기로 잘라
준비한다.

2 식빵은 4등분 후 기름 없는 팬에 노릇하게
굽거나 에어프라이어에 180℃로 4분 구워
준비한다.

3 달군 팬에 기름을 두르고 중불에서 다진
마늘, 양파를 볶다가 양파가 익으면 강불
에서 소시지, 방울토마토, 브로콜리를 넣
어 볶은 뒤 물, 케첩, 카레가루, 후춧가루
를 넣어 끓인다.

4 재료가 잘 섞이도록 끓어오르면 달걀을
깨 넣고 치즈를 뿌려 뚜껑을 덮어 달걀이
반숙이 될 때까지 익혀 식빵과 곁들여 먹
는다.

✦ 물 대신 두유나 우유를 넣으면 부드러운 맛으로
색다르게 즐길 수 있어요.

✦ 매콤한 맛을 좋아한다면 양파를 볶을 때 크러쉬
드레드페퍼, 후춧가루를 함께 볶아 주면 칼칼함
을 더할 수 있어요.

✦ 호밀식빵 대신 바게트나 둥근호밀빵(슬라이스)
을 곁들이면 비주얼이 더 살아나 파티 음식으로
차려내도 손색없어요.

5분 완성 초간단 쯔유소스에 찍어 호로록

곤약 메밀 소바

분량
1인분

소요시간
15분

준비
재료

| 주재료 |

실곤약 메밀면 200g
닭가슴살 슬라이스 100g
무 40g
대파 1/2대

| 양념 |

물 1 1/2컵
간장 1/3컵
스테비아 1큰술
양파 40g
청양고추 1개
고추냉이

저는 무더운 여름이면 생각나는 메뉴가 있어요. 바로 메밀소바! 특히
냉면그릇에 다 담겨 나오는 메밀소바보다 따로 찍먹해 먹는 판모밀을
참 좋아하죠. 얼음 동동 단짠 소바소스에 향긋한 메밀면을 촉촉하게
적셔 먹는 그 맛은 여름의 무덥고 지친 마음까지도 싹 가시게 해주는
시원한 맛이에요. 메밀소바를 맘 놓고 먹고 싶지만, 메밀면 역시 탄수
화물 함량이 너무 높아 부담스러운 메뉴잖아요. 다이어트 하기 참 좋
은 세상이라 곤약과 메밀을 섞은 '곤약 메밀면'이 시중에 나와 있더라
고요.
곤약 메밀면에다 초간단 쯔유 느낌 나는 소바소스 만들고 집에 있는
닭가슴살 척 곁들여 주면 탄수화물, 단백질까지 알뜰살뜰 챙긴 영양
식단이 완성되는데 심지어 비주얼도 일식집 느낌으로 예쁘게 차려 기
분까지 낼 수 있어요!

1   대파 1/2대 중 절반은 얇게 썰고 절반은
    3에 통째로 넣는다. 청양고추는 얇게 썬
    다.(여기에서는 색감을 위해 홍청양고추
    를 사용)

2   무는 강판에 갈거나 믹서로 갈아 준비한다.

3   물, 간장, 양파, 대파, 청양고추, 스테비아
    를 넣어 5분간 중불로 끓인 뒤 얇게 썬 대
    파를 올려 소바장을 만든다.

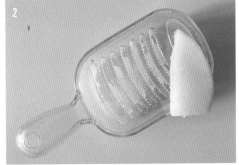

4   곤약 메밀면은 찬물에 헹궈 물기를 빼고
    그릇에 담아, 준비한 소바장, 고추냉이, 간
    무, 닭가슴살 슬라이스를 곁들여 먹는다.

✦   단백질은 닭가슴살로 곁들였지만 삶은 달걀, 돼
    지고기 안심수육, 오리고기 등 다양하게 대체 가
    능해요.

✦   조미가 되지 않은 김을 곁들이면 더욱 맛있어요.
    사진에 있는 무순이나 레몬은 기호에 따라 곁들
    여도 좋고 생략해도 됩니다.

✦   얼음을 추가해서 더 시원하게 먹으면 꿀맛이에요.

베트남 야시장 여행의 추억이 방울방울

반짱느엉

분량
1인분

소요시간
15분

준비
재료

| 주재료 |

라이스페이퍼 2장
닭가슴살 소시지 1개
달걀 2개
건새우 15g
대파 약간

| 양념 |

소이마요 1큰술
올리브유 0.6큰술
스리라차 0.6큰술
무설탕케첩 0.6큰술

'반짱느엉'은 베트남 피자로 불리는, 라이스페이퍼와 달걀로 피를 만들어 다양한 토핑과 소스를 곁들이는 메뉴예요. 베트남 여행에서 길거리음식으로 먹어 본 뒤 만드는 법도 간단한데 맛이 좋아 돌아와서도 몇 번 해 먹었어요. 그 맛이 자꾸 생각나 다이어트 하면서도 먹고 싶어 다이어터 버전으로 속재료와 소스를 바꿔 만들어 보았답니다.
바삭한 라이스페이퍼 속 토핑과 소스의 조합이 매력적이고 만드는 법은 초간단이니, 조리시간 15분 들여 입 속에서 베트남 여행 떠나 보는 건 어떨까요?

1 닭가슴살 소시지는 동그랗게 모양을 살려
썰고 대파는 잘게 다진다.

2 약불의 팬에 기름을 두르고 라이스페이
퍼, 달걀 1개를 깨 넣고 라이스페이퍼에 넓
게 펼친 뒤 파, 소시지, 건새우를 넣는다.
(2장을 만들 것이니 재료는 절반씩 사용)

3 달걀이 익을 즈음 소스로 소이마요, 스리
라차, 케첩을 모두 뿌린 후 중약불로 불을
키운다. (소스도 절반씩 사용)

4 밑면의 라이스페이퍼가 노릇하게 구워지
면 반 접어 완성.

✦ 양이 부족하다 싶으면 한 끼에 4개까지는 드셔도
괜찮아요.

✦ 샐러드나 상추를 곁들여 함께 싸 먹으면 더 맛이
좋아요.

으슬으슬한 날 강추하는 국물 식단

면두부 나가사키 짬뽕

분량
1인분

소요시간
20분

준비
재료

| 주재료 |

면두부 100g
돼지고기(안심) 100g
칵테일새우 5개
숙주 50g
양배추 40g
양파 20g
당근 10g
청양고추 1개

| 양념 |

물 3컵
올리브오일 2큰술
굴소스 2/3큰술
다진 마늘 0.5큰술
소금 한 꼬집
후춧가루

우리가 흔히 이자카야(선술집)에서 접할 수 있는 '나가사키 짬뽕'은 일본의 나가사키현으로 이주한 중국인이 만들어낸 요리라서 일본의 지역명이 붙은 요리래요. 주로 돼지고기와 해물, 각종 채소로 맛을 낸 맑은 국물의 짬뽕인데 백짬뽕이라고 생각하면 쉽게 이해될 거예요.

저는 칼칼한 맛의 백짬뽕도 너무 좋아해서 가끔 만들어 먹었는데 다이어트 하면서는 면이 부담스러워 숙주만 가득 넣어 끓이거나 실곤약, 면두부를 이용해 나가사키 짬뽕으로 만들어 먹었더니 속이 뻥 뚫리는 개운함도 있으면서 부담스럽지 않아 너무 좋더라고요. 특히 비오는 날이나 으슬으슬한 날 국물 식단으로 추천해요. 면두부나 실곤약 없이 채소만 가득 넣어 짬뽕밥으로 먹어도 정말 든든하답니다.

1 숙주는 흐르는 물에 씻어 물기를 제거하고, 돼지고기, 양배추, 양파는 채 썰고, 당근은 반달썰기, 청양고추는 얇게 썰어 준비한다.

2 중불로 달군 팬에 올리브오일, 다진 마늘을 넣어 향을 낸 뒤 새우와 돼지고기를 익힌다.

3 돼지고기가 80% 익을 즈음 양배추, 양파, 당근을 넣고 강불에 볶는다.

4 물, 굴소스, 후춧가루, 청양고추, 숙주를 넣어 재료가 고루 섞이도록 끓여 완성하고, 헹궈낸 면두부 위에 얹는다.

✦ 면두부 대신 실곤약으로 만들어도 맛이 좋으니 도전해 보세요.

✦ 새우와 돼지고기(안심)를 함께 사용한 이유는 해물의 맛과 고기의 맛이 육수에 한데 어우러져야 국물 맛이 더 좋기 때문이에요. 재료가 없다면 한 가지만 사용해도 좋고, 닭가슴살을 이용해 간편히 만들어도 맛있어요.

✦ 개인적으로는 후추의 향을 좋아해서 먹기 전 후춧가루를 조금 더 추가해 칼칼하게 즐기는 걸 좋아해요. 후추러버들은 먹기 전에도 후춧가루 톡톡! 잊지 말아요.

짜조

분량
1인분

소요시간
30분

준비
재료

| 주재료 |

라이스페이퍼 6장
돼지고기(다짐육) 100g
두부 50g
실곤약 50g
목이버섯 5개
양파 10g
당근 10g

| 양념 |

올리브유 1큰술
피시소스 1큰술
굴소스 0.5큰술
참기름 0.5큰술
소금 한 꼬집
후춧가루

짜조는 라이스페이퍼에 돼지고기나 해산물, 각종 채소를 넣어 돌돌
말아 튀겨낸 베트남식 만두 요리예요. 베트남 여행을 가면 꼭 먹던 메
뉴 중 하나인데, 짭조름한 속재료와 노릇하고 얄팍한 라이스페이퍼
피가 너무 조화롭고 맛있어서 인상이 깊었답니다.
이 짜조를 건강하고 가볍게 라미 버전으로 만들어 보았어요. 손이 좀
가는 메뉴이지만, 먹어 보면 과정은 싹 잊게 되는 맛과 비주얼이랍니
다! 이국적인 모양과 맛에 베트남 여행을 추억할 수 있고, 지루한 다이
어트 식단에 특식으로도 제격이에요. 다이어터가 아닌 친구나 가족들
도 함께 맛있게 먹을 수 있는 고소하고 쫄깃한 맛이 매력적이니까 꼭
만들어 보시길 바랍니다!

1 불린 목이버섯, 실곤약, 양파, 당근은 잘게
  다지고, 두부는 으깬 뒤 키친타월로 물기
  를 제거한다.(목이버섯과 실곤약도 물기
  를 최대한 제거한다.)

2 다짐육, 두부, 실곤약, 목이버섯, 양파, 당
  근에 올리브유를 뺀 나머지 양념을 모두
  넣어 반죽한다.

3 찬물에 라이스페이퍼를 5초간 담갔다가
  중앙에 소를 넣고 양 옆부터 접고 아래에
  서 위로 꼭 말아접는다.

4 에어프라이어에 종이호일을 깔고 짜조 겉
  면에 오일을 고루 묻혀 180℃로 15분 구워
  낸다.

✦ 스위트칠리소스 대신 물 2큰술, 알룰로스 1큰술,
  식초 1큰술, 간장 0.3큰술, 다진 마늘 0.3큰술, 청
  양고추를 소스로 곁들여도 좋아요.

✦ 속재료의 물기를 잘 제거해 물이 생기지 않게 하는
  것이 포인트! 목이버섯이 아닌 다른 버섯은 익히는
  과정에서 물기가 많이 생겨요. 목이버섯이 없다면
  버섯을 빼고 만들어도 충분히 맛있어요.

✦ 에어프라이어가 없다면 팬에 구워도 되지만, 물
  기 때문에 기름이 튈 수 있으니 주의하세요.

바삭 바게트, 푸짐 고기, 새콤달콤 무 당근 절임의 콜라보

다이어트 반미 샌드위치

분량
1인분 | 소요시간
30분

준비
재료

| 주재료 |

바게트 15cm
돼지고기(안심 슬라이스) 100g
상추 5장
양파 1/4개(50g)
무 40g
당근 20g
오이 1/4개(40g)
청양고추 1개

| 양념 |

식초 2큰술
스리라차 1큰술
스테비아 0.5큰술
올리브유 0.5큰술
간장 0.5큰술
피시소스 0.5큰술
알룰로스 0.5큰술
다진 마늘 0.5큰술
소금 한 꼬집
후춧가루

베트남 여행 중 참 맛있게 먹었던 메뉴 중 하나인 '반미'.

요즘은 우리나라 베트남 레스토랑에서도 많이 판매하고 있지요. 프랑스 식민지였던 베트남은 프랑스의 명물 바게트가 자연스럽게 베트남의 식문화가 되었어요. 바게트에 속을 채워 샌드위치로 만든 것을 반미라고 한답니다.

다이어트 하면서는 사실 외식메뉴를 사 먹기 부담스러운데, 반미는 당길 때 만들어 먹어 볼 만한 맛이에요. 바삭한 바게트와 푸짐한 고기, 새콤달콤한 무 당근 절임이 너무 매력적이에요. 늘 먹던 샌드위치 말고 특별식이 당기는 날에 좋은 사람들과 함께 파티음식으로도 참 좋은 라미표 반미 샌드위치 추천해요.

1 상추는 깨끗이 씻어 물기를 제거하고, 양
파는 얇게 썰고, 무와 당근은 채 썰고, 오
이와 청양고추는 어슷썰어 준비한다.

2 볼에 무와 당근, 식초, 소금, 스테비아를
넣고 버무려 10분간 절인 뒤 물기를 꾹
짠다.

3 돼지고기를 다진 마늘, 간장, 피시소스, 알
룰로스, 후춧가루로 밑간하고 기름을 두
른 팬에 굽는다.

4 가로로 반을 가른 바게트 아랫면에 스리라
차를 뿌리고 상추 – 오이 – 무 당근 절임
– 청양고추 – 고기 순으로 올려 완성한다.

✦ 무와 당근은 채칼로 썰면 더욱 빠르게 조리할 수
있어요.

✦ 바게트의 양이 부담된다면, 빵 안쪽의 속을 조금
파내고 만드세요. 파낸 빵은 나중에 단짠 브레드
푸딩(132쪽)으로 만들어 드시고요.

✦ 돼지고기 대신 닭가슴살, 우둔살 등으로 대체해도
좋고 달걀프라이를 추가해 넣어도 맛이 좋아요.

✦ 도시락으로 쌀 경우에는 종이포장 또는 매직랩으
로 잘 말아 2등분해서 싸는 걸 추천해요.

고소한 땅콩소스와 매콤한 고추기름의 환상 만남

빵빵지

분량
1인분

소요시간
15분

준비
재료

| 주재료 |

닭가슴살(완제품) 100g
양배추 60g
오이 1/2개(40g)
양파 1/4개(50g)
토마토 1/2개

| 양념 |

• 고추기름 : 올리브유 2큰술, 고
  춧가루 1큰술, 다진 마늘 0.5큰
  술, 대파 1/4대
• 소스 : 물 3큰술, 식초 2큰술,
  땅콩소스 1.5큰술, 알룰로스
  1큰술, 굴소스 0.3큰술, 간장
  0.5큰술, 두반장 0.3큰술

빵빵지는 닭가슴살을 이용한 중국 사천 지방의 냉채 메뉴예요. 요리 잘하는 가수 성시경이 방송에서 전채요리로 소개하면서 더 유명세를 탔죠. 닭고기를 균일하게 썰기 위해 몽둥이로 두드려 손질을 했는데, 몽둥이(빵, 棒)와 닭고기(지, 鷄)를 합쳐 '빵빵지'라는 귀여운 이름이 붙었다고 해요. 빵빵지는 대학시절 중식을 배울 때 실습했던 메뉴인데, 처음 만들고 너무 맛있어서 연이어 몇 번이고 해 먹었던 메뉴랍니다. 차갑게 먹는 음식이라서 봄, 여름에 아주 제격이고, 겨울철 따스한 방 안에서 먹어도 꿀맛이지요.

고소한 땅콩 소스와 매콤한 고추기름의 만남이 정말 매력적인데, 땅콩 알러지가 있다면 아몬드잼(스프레드)으로 대체 가능해요.

1   닭가슴살은 결대로 찢고, 오이와 양파는
    채 썰고, 토마토는 얇게 썬다.

2   전자레인지 전용 그릇에 다진 마늘, 대파,
    기름, 고춧가루를 섞어 전자레인지에 1분
    간 돌려 고추기름을 만든다.

3   물, 식초, 알룰로스, 땅콩잼, 굴소스, 간장,
    두반장을 섞어 소스를 만든다.

4   닭가슴살, 오이, 양파, 토마토를 놓은 뒤
    고추기름 1큰술 분량을 살짝 두르고, 소스
    를 곁들인다.

✦   남은 고추기름은 볶음밥에 이용하면 칼칼하고 깔
    끔한 맛을 더할 수 있어요.

✦   채소는 그때그때 집에 있는 채소들로 변경이 가
    능해요. 당근, 파프리카, 양상추 등을 추천해요.

✦   고구마를 함께 먹기도 하고, 소스에 지방이 있는
    편이라 탄수화물은 생략하기도 해요. 대신 전 끼니
    와 다음 끼니에 탄수화물을 꼭 식단에 구성해요.

✦   두반장이 없으면 굴소스를 두반장 양만큼 넣어
    주면 간이 맞지만, 중국 향이나 느낌은 조금 부족
    할 수 있어요.

바삭한 면과 푸짐한 재료가 만나는 재밌는 맛

면두부 팔진초면

분량
1인분

소요시간
25분

준비
재료

| 주재료 |

면두부 100g
돼지고기(안심 잡채용) 100g
새우 5개
양파 1/4개(50g)
청경채 2송이
팽이버섯 1송이

| 양념 |

물 1½컵
굴소스 1큰술
올리브유 1큰술
고춧가루 0.5큰술
올리고당 0.5큰술
다진 마늘 0.5큰술
참기름 0.3큰술
소금 한 꼬집
후춧가루

| 전분물 |

물 1큰술
전분 1큰술

팔진초면(八珍炒麵)을 아시나요? '팔진'은 여덟 가지 진귀한 재료라는 뜻이지만 다양한 재료라고 이해하면 되고, 초(炒)는 '볶을 초'이니 어떤 요리인지 대충 짐작이 가시죠. 팔진초면은 바싹하게 구운 면 위에 해산물, 육류 등 다양한 재료를 넣어 만든 소스를 얹어 먹는 한국식 중화 요리예요. 중식이지만 한식인 중식이랄까요? 사실 중식당에서도 흔히 볼 수 있는 메뉴는 아니에요.

고급 중식당에 가거나 예상치 못한 곳에서 만나는 희귀한 메뉴인 팔진초면! 다이어터가 아닐 때에는 소면이나 라면으로 만들어 먹곤 했는데, 건강식 버전으로 면두부 팔진초면을 만들어 보니, 눈이 띠용 나올 만큼 너무 맛있는 거예요. 바싹한 면두부와 걸쭉한 소스의 조합도 좋고, 갖은 채소들과 새우, 돼지고기로 풍부한 맛이 나는 라미표 면두부 팔진초면 꼭 드셔 보세요. 고급 중식당이 안 부러울 거예요.

1 팽이버섯은 밑동을 제거하고 2등분한 뒤 잘게 찢고, 청경채는 길게 4등분한다.

2 에어프라이어에 종이호일을 깔고 물기를 제거한 면두부를 얇게 깔고 180℃로 10분 바싹 굽는다.

3 달군 팬에 기름을 두르고 중불에서 마늘로 향을 낸 뒤 돼지고기에 소금 한 꼬집, 후춧가루로 간하고 노릇하게 익힌 뒤 새우, 양파, 팽이버섯을 넣어 볶는다.

4 굴소스, 고춧가루, 올리고당, 후춧가루, 물, 청경채, 참기름을 넣어 끓인 뒤 전분물로 농도를 맞춰 구운 면두부에 얹어 완성.

✦ 잡채용 돼지고기는 마트에서 소포장으로 많이 진열되어 있어 쉽게 구입할 수 있어요. 만약 없다면, 닭가슴살로 대체해도 좋아요.

✦ 채소는 냉장고에 있는 어떠한 채소든지 대체 사용 가능하지만, 팽이버섯은 꼭 넣는 게 식감이 좋답니다.

라이스페이퍼를 무쳐 먹는 신박한 요리

반짱쫀(라이스페이퍼 무침)

분량
1회분 | 소요시간
15분

준비
재료

| 주재료 |

라이스페이퍼 4장
닭가슴살(완제품) 100g
파프리카 60g
오이 50g
상추 4장
견과류 15g

| 양념 |

간장 2큰술
피시소스 1큰술
물 1큰술
식초 1큰술
알룰로스 1큰술
참기름 1큰술
고춧가루 0.5큰술
다진 마늘 0.5큰술
참깨

라이스페이퍼를 물에 불리지 않고 요리가 가능해? 라고 생각하셨다면 지금 바로 '반짱쫀'을 만들어 보세요. 이름도 귀여운 반짱쫀은 베트남의 흔한 길거리 음식으로 그린망고와 각종 채소, 라이스페이퍼를 달고 짜게 무쳐낸 음식이에요. 베트남 여행하며 호기심에 먹었다가 두 눈 동그래졌던 기억이 나네요. 딱딱한 라이스페이퍼가 무쳐지며 쫀득해지고 각종 채소와 고소한 견과류가 함께 씹힐 땐 풍부한 맛에 정말 행복하더라고요.

라미 레시피 반짱쫀은 한국식으로 해석해 간장을 넣고 당과 기름 사용은 최소화했어요. 현지에서 먹는 반짱쫀은 피시소스와 고추기름, 설탕의 맵짠달 조화였거든요. 라미표 반짱쫀은 한국인도 편하고 쉽게 먹을 수 있는 매콤한 샐러드 느낌이라고 생각하시면 될 거예요. 라이스페이퍼를 이용한 신박한 무침요리 꼭 드셔 보세요!

1 견과류는 잘게 부수고 닭가슴살, 오이, 파
　　프리카는 채 썰고, 상추는 먹기 좋은 크기
　　로 자른다.

2 라이스페이퍼는 가위로 한입 크기로 자
　　른다.

3 라이스페이퍼에 모든 양념을 넣어 양념이
　　고루 묻어나도록 무쳐 둔다.

4 견과류, 채소, 닭가슴살을 넣어 고루 무쳐
　　완성.

✦　피시소스가 없다면 액젓 0.5큰술로 대체해도 좋
　　아요. 피시소스의 향에 거부감이 없다면 '간장
　　2큰술+피시소스 1큰술' 대신 '간장 1큰술+피시
　　소스 2큰술'로 대체하면 더욱 베트남의 풍미를 느
　　낄 수 있어요.

✦　레몬즙이 있다면 식초 대신 동량의 레몬즙을 사
　　용해 보세요. 더 이국적인 맛이 난답니다.

✦　갓 무친 라이스페이퍼는 조금 딱딱할 수 있지만,
　　약간의 시간을 두면 양념을 머금고 쫄깃한 식감
　　으로 변해요.

이제 탄수화물 폭탄 잡채도 저탄 버전으로 만나요

실곤약 잡채 덮밥

분량
1인분

소요시간
15분

준비
재료

| 주재료 |

잡곡밥 100g
돼지고기(안심 잡채용-) 100g
실곤약 100g
양파 1/4개(50g)
당근 20g
피망 20g

| 양념 |

간장 2큰술
알룰로스 1큰술
올리브유 0.5큰술
다진 마늘 0.3큰술
참기름 0.3큰술
소금
후춧가루
참깨

중국집 식사메뉴 중에 잡채 덮밥을 참 좋아해요. 잡채 덮밥 맛집을 찾아 다른 지역으로 맛투어를 간 적이 있을 정도예요. 한식 잡채도 너무 좋아하는데 문제는 이 잡채가 정말 탄수화물 폭탄에 지방과 당 폭탄이라는 점이죠. 그래서 다이어터들도 가볍게 맛있게 즐길 수 있는 초간단 잡채 덮밥 레시피를 준비해 봤어요.

당면은 모양이 비슷한 실곤약으로 대체해 꼬들한 식감의 잡채로 만들었고, 양념은 최소한으로만 간을 해서 가볍고 담백하지만 온갖 재료들이 풍성한 조화를 이루어 충분히 만족스러운 식사가 될 거예요. 중국식 잡채 덮밥의 비주얼을 살리고 싶다면 달걀프라이 하나 올려 줘도 좋아요.

1   양파, 당근, 피망은 채 썬다.

2   돼지고기는 소금, 후춧가루로 밑간한다.

3   달군 팬에 기름을 두르고 돼지고기를 볶아 익힌 뒤, 중불에서 양파와 당근을 넣고 양파가 투명해질 때까지 익힌다.

4   실곤약, 간장, 다진 마늘, 알룰로스, 참기름, 후춧가루, 참깨를 넣어 재료가 고루 섞이도록 볶은 뒤 피망을 넣고 마무리하고 밥 위에 잡채를 얹으면 완성.

✦   매콤한 맛을 추가하고 싶다면 청양고추도 함께 넣어 주세요.

✦   실곤약이 더 꼬들꼬들하고 잡채와 닮아서 사용하였지만, 면두부를 이용해도 맛있답니다.

✦   피망을 다른 재료와 같이 볶으면 다른 채소가 익을 동안, 피망은 누렇게 변색되니 마지막에 넣어 남은 열로 살짝 볶으세요.

무서운 아는 맛, 치팅 메뉴가 든든한 건강식으로 재탄생!

아는 맛이 무섭다고 하죠? 메뉴 이름만 들어도 무슨 맛인지 바로 떠올라서 다이어트를 망치게 하는 그 맛!

그 아는 맛, 치팅 메뉴들을 쉽고 간단하게 만들 수 있는 레시피들을 묶어 보았어요.

SNS에서 이미 검증된 메뉴들이 많이 소개됩니다. 맛은 기본이고 만들기도 너무 쉬워서 손이 자주 가는

건강식으로 치팅하는 기분도 느낄 수 있을 거예요.

바로 먹어도 맛있고, 식으면 더 맛나는

군고구마 맛탕

분량
1인분

소요시간
20분

준비
재료

| 주재료 |

고구마 150g
견과류 30g

| 양념 |

올리고당 1큰술
올리브유 0.5큰술
검은깨(또는 참깨) 0.5큰술
시나몬파우더 0.3큰술

다이어트 하면 고구마를 빼놓을 수 없는데, 고구마를 더 다양하게 먹고 싶어서 담백한 버전의 고구마 맛탕을 만들어 봤어요! 저는 시나몬 향과 고구마의 조합을 좋아해서 시나몬 향도 은은하게 도는 구운 고구마 맛탕이 탄생했답니다. 견과류를 같이 구워 고소한 맛과 식감도 추가해 주었고요. 견과류의 건강한 지방도 같이 먹을 수 있어 좋은 메뉴예요. 너무너무 간식이 당기는 날엔 만들어서 절반만 간식으로 먹어도 좋았어요.

단맛이 당길 때, 밥 대신 식단으로 추가하면 좋은 탄수화물 메뉴입니다. 질리지 않고 고구마를 맛있게 즐길 수 있어요!

1   고구마는 깨끗이 씻어 물기를 제거하고
    한입 크기로 못난이 썰기 한다.

2   고구마와 견과류에 올리브유 0.5큰술을 발
    라 에어프라이어에 180℃로 15분 굽는다.

3   올리고당, 시나몬파우더, 검은깨를 섞어
    맛탕 소스를 만든다.

4   구워진 고구마와 견과류를 맛탕 소스에
    섞어 완성한다.

✦ 시나몬 향을 싫어하면 빼고 만들어도 좋아요.

✦ 튀기지 않고 구워 만들기 때문에 바로 먹는 것이
   더욱 맛이 좋지만, 식어도 나쁘지 않아요.

휴게소 버터구이 알감자를 가볍게 즐겨요

들기름 감자구이

분량
1인분

소요시간
15분

준비
재료

| 주재료 |
감자 150g

| 양념 |
들기름 1큰술
소금 두 꼬집

이 메뉴는 친구네 집의 오래된 레시피예요. 햇감자가 한창이던 여름과 가을 사이에 친구네 집에 놀러갔는데, 친구가 너무 간단히 환상의 맛을 만드는 법을 알려주었어요. 친구네 집에서는 팬에 구워 먹었는데 저는 집에 돌아와 에어프라이어로 요즘 시대에 맞춰 더욱 간단하게 조리법을 바꾸어 봤어요.

도구가 달라도 맛은 역시나 변함없더라고요. 그래서 햇감자가 나오는 때에는 다이어트나 관리 중에도 탄수화물을 들기름 감자구이로 대체하는 날이 많았어요. 왜 꼭 들기름이어야 하냐면, 예전에 친구네서 처음 맛본 게 그 맛이었고, 뭔지는 모르겠지만 익숙한 맛, 할머니가 해주실 것 같은 맛이거든요. 버터구이 감자만큼 중독성 있으니까 딱 식단에 추가할 만큼만 조리하세요. 양에 관계없이 다 먹어 버릴지도 모르거든요!

1   감자는 껍질을 제거한 뒤 한입 크기로 깍
     둑썰기 한다.

2   소금, 들기름에 버무려 에어프라이어에
     180℃로 13분 굽는다.

✦   에어프라이어가 없다면 썰은 감자를 물에 헹궈 전분기를 제거하고 전자레인지용 찜기에 넣어 4분간 찐 뒤 기름을 살짝
     두른 팬에 노릇하게 구우세요.

✦   들기름의 향이 감자와 너무 잘 어울려서 후춧가루를 생략했지만, 후추를 좋아한다면 절반은 후춧가루를 뿌려 다양하게
     즐기세요.

기름기 좌르르 호떡은 이제 그만!

꿀호떡롤

분량
1인분 | 소요시간
15분

준비
재료

| 주재료 |
또띠아(8인치) 1장
견과류 30g

| 양념 |
알룰로스 1.5큰술
스테비아 0.5큰술
시나몬파우더 0.5큰술
올리브오일 0.3큰술

겨울 간식 하면 맨 처음 떠오르는 호떡! 평소엔 별생각 없다가도 다이어트만 시작하면 기름기가 좌르르 흐르는 호떡이 당기는 이유는 뭘까요? 양심상 기름과 탄수화물, 당으로 가득한 호떡을 먹을 수는 없어 집에 있는 건강한 재료만으로 '담백한 호떡 맛을 내보자'는 생각으로 만들어 본 꿀호떡롤이랍니다.

길거리에서 파는 호떡의 쫀득한 식감과는 다르게 또띠아로 만들어서 바삭한 식감이 매력적이에요. 견과류도 듬뿍 들어가 영양가도 높고, 누구나 맛있게 즐길 수 있는 고소하고 건강한 간식이랍니다.

1 견과류는 잘게 자르거나 부순다.

2 알룰로스, 스테비아, 시나몬파우더, 견과류를 섞어 호떡소를 만든다.

3 또띠아 위에 호떡소를 넓게 펴바른 뒤 돌돌 말아 4등분한다.

4 에어프라이어에 종이호일을 깔고 꿀호떡롤을 넣은 뒤 윗면에 오일을 발라 180℃로 8분 굽는다.

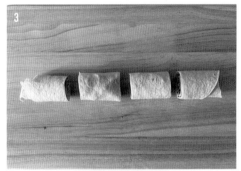

✦ 호떡소에 스테비아와 알룰로스를 섞어 쓴 이유는 호떡을 먹을 때 서걱 씹히는 설탕의 식감과 꿀이 흐르는 느낌을 동시에 내고 싶어서예요. 알룰로스만 있을 경우엔 2큰술로 늘리고, 스테비아만 있을 경우엔 1.5큰술+물 1큰술을 넣어 대체해도 괜찮아요.

✦ 오일은 생략 가능하고, 에어프라이어가 없다면 팬에서 중약불로 노릇하게 구워요.

✦ 저는 4등분했지만, 8등분하여 잘린 단면이 위로 가게 해서 6분간 구워 내면 모양도 귀엽고 조리 시간도 단축할 수 있어요.

매시트포테이토가 그리웠다면 이제는 라미표로

에그 포테이토 랩

분량
1인분

소요시간
20분

준비
재료

| 주재료 |

또띠아(8인치) 1장
삶은 달걀 2개
감자 80~100g
슬라이스치즈 1장
상추 5장

| 양념 |

소이마요 1큰술
연겨자 0.4큰술
소금 한 꼬집
후춧가루

으깬 달걀 감자 샐러드는 계속 당기는 무시무시한 아는 맛이지만, 버터와 소금, 마요네즈가 듬뿍 들어가서 다이어트 음식이라고 할 수 없지요. 하지만 칼로리는 낮추고 감자의 탄수화물, 달걀의 단백질, 상추의 섬유질, 치즈와 소스의 지방까지 완벽한 탄단지섬 영양 구성의 레시피로 만들어 봤어요.

다이어트 하면 고구마만 줄곧 먹는 경우가 많은데, 사실 감자도 대체할 수 있는 좋은 탄수화물이에요. 대신 양 조절이 필요해요.

대량으로 달걀 감자 샐러드를 만들어서, 식단으로도 먹고 가족들과의 함께 나누어 먹으면 외롭지 않은 식사를 할 수 있어요. 특히 에그 포테이토 랩은 도시락 메뉴로 강추해요. 모양도 예쁘지만, 간편하게 쏙쏙 먹을 수 있어서 참 좋더라고요!

1 감자는 껍질을 제거하고 큼직하게 깍둑썰기 하고, 상추는 깨끗이 씻어 물기를 제거한다.

2 전자레인지 용기에 감자를 담아 랩을 씌운 뒤 젓가락으로 콕콕 구멍을 뚫은 후 6분간 돌린다.

3 찐 감자와 삶은 달걀, 모든 양념을 넣어 으깨며 버무린다.

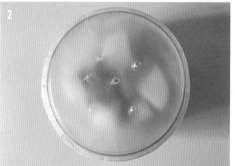

4 매직랩을 깔고, 또띠아 − 상추 − 달걀 감자 샐러드 − 치즈를 넣고 돌돌 말아 랩으로 감싸 완성한다.

✦ 다이어트의 정도에 따라 감자의 양을 조절해서 드세요. 고구마 100g 정도의 탄수를 먹어야 하는 식단이라면 80g 정도의 감자와 달걀을 3개로 늘리고, 고구마 150g 정도의 탄수를 먹어도 좋은 식단이라면 감자를 100g으로 하여 포실포실한 감자의 맛을 더 살려도 좋아요.

✦ 채소의 종류는 다양하게 사용하세요. 양상추, 상추 같은 샐러드 잎채소는 뭐든지 잘 어울렸고, 파프리카로 색감을 더해 주거나 오이로 식감을 주어도 맛이 좋았어요.

✦ 스리라차를 뿌려 먹어도 매콤하게 잘 어울려요.

바쁜 아침에도 후다닥 만들 수 있는

또띠핫도그

분량
1인분

소요시간
10분

준비
재료

[주재료]

또띠아(6인치) 2장
달걀 3개
닭가슴살 소시지 2개
슬라이스 치즈 1장

[양념]

무설탕 케첩 2큰술
올리브유 1큰술
소금 한 꼬집
후춧가루

또띠아로 간단하게 만드는 원팬 레시피 또띠핫도그! 특별한 재료 없이도 입에 착착 붙는 맛을 내는 핫도그예요. 담백한 맛이 매력적이며, 집에 있는 다양한 무설탕 소스를 곁들여 꿀 조합을 찾아가며 먹는 재미가 있어요.

시간이 빠듯한 아침에도 후다닥 그럴싸하게 만들어 먹을 수 있고, 남녀노소 모두가 호불호 없이 즐길 수 있는 맛이기도 해요. 달걀과 닭가슴살 소시지로 단백질도 가득 담아 든든한 식사로도 좋고, 간단히 도시락으로도 예쁘게 담을 수 있어서 추천합니다.

1 달걀을 풀고 소금, 후춧가루로 간하여 달걀물을 만든다.

2 달군 팬에 기름 0.5큰술을 두르고 약불에 달걀물 1/2을 부어 절반쯤 익었을 때 또띠아 1장을 올리고 잘 붙인 뒤 뒤집는다.

3 달걀지단 위에 치즈 1/2장과 소시지 1개를 각각 끝쪽에 올린 후 소시지 쪽부터 돌돌 말아 치즈가 녹아 잘 붙을 때까지 노릇하게 굽는다.

4 1~3을 반복해 하나 더 만들고 케첩을 곁들여 먹는다.

✦ 달걀이 다 익기 전 재빨리 또띠아를 얹어 달걀과 또띠아를 잘 붙이는 것이 포인트!

✦ 무설탕 케첩도 좋지만, 무설탕 머스터드, 스리라차 등 다양한 무설탕 소스 제품을 곁들여 보세요. 다양한 매력을 느낄 수 있어요.

✦ 8인치 또띠아라면 반 잘라서 반달모양 상태로 시작해 소시지가 살짝 튀어나오게 말아도 예쁘게 만들 수 있어요.

보슬보슬 비 오는 날, 지글지글 전이 생각난다면

오트밀 김치전

분량
1인분

소요시간
15분

준비
재료

| 주재료 |

퀵오트밀 40g
달걀 2개
김치 50g
캔 참치 50g
물 1/4컵
청양고추 1개

| 양념 |

올리브유 1큰술

보슬보슬 비 오는 날엔 지글지글 전이 생각나죠? 라미 레시피에는 전 메뉴가 정말 많은데, 그건 제가 전을 너무나 사랑해서예요. 전은 다이어트의 적인데, 전으로 다이어트 레시피를 만들어 먹는 것이 과연 맞을까? 의심스러우시겠지만 정말 적은 재료로 탄수화물, 단백질, 지방이 골고루인 식단으로 푸짐하게 전을 먹을 수 있어요.

맛은 어떻냐고요? 이미 인친님들과 유튜브 구독자 분들이 입이 마르고 닳도록 칭찬의 댓글과 후기를 남겨 주신 검증된 오트밀 김치전이랍니다. 오트밀 때문에 녹두전 느낌도 나고 김치를 넣었기 때문에 따로 소금 간 할 필요도 없는, 일반식보다 더 맛있는 오트밀 김치전이랍니다.

1 볼에 오트밀, 물, 달걀을 넣고 5분 정도 불린다.

2 캔 참치는 기름을 제거해 준비한다.

3 1에 가위를 이용해 송송 썬은 김치, 청양고추와 참치를 섞어 김치전 반죽을 만든다.

4 달군 팬에 기름을 두르고 중약불에서 노릇하게 부치면 완성.

✦ 참치 대신 닭가슴살로 바꿔도 맛있어요. 단, 닭가슴살을 아주 잘게 잘라야 전을 부치기 쉬워요.

✦ 김치를 넣은 뒤 색감을 더 내고 싶다면 고춧가루나 김치국물로 색감을 더 진하게 낼 수 있어요.

✦ 간장에 찍먹하고 싶다면 간장 1큰술, 물 1큰술, 식초 0.5큰술, 고춧가루와 참깨 조금씩 넣어 염분이 적은 초간장으로 곁들여 주세요.

✦ 너무 두껍지 않게 부쳐야 퍽퍽하지 않고 맛있어요. 1인 분량으로 보통 8-9장이 나오도록 작은 사이즈로 부쳐 주세요.

다이어트 금지 식품 인절미도 맘 편히 즐겨요

고구마 인절미볼

분량
1인분

소요시간
10분

준비
재료

| 주재료 |

고구마 150g
견과류 30g
저지방우유 3큰술
볶은 콩가루 1.5큰술

| 양념 |

시나몬파우더 0.5큰술

다이어트 중 가장 많이 먹는 구황작물은 아마도 '고구마'가 아닐까요. 그렇게 맛있던 고구마도 오랜 시간 다이어트를 하면 질리고 먹기 싫어 지더라고요.

'고구마를 더 특별하게 먹을 수 없을까?'라는 생각에 고구마를 볼로 만 들어 먹었는데, 운동 후 힘없는 순간에도 한입에 쏙쏙 먹기 좋고 식감 도 부드러워 소화도 더 잘 되는 기분이 들었어요. 볶은 콩가루를 묻히 니 다이어트 시 금지 음식인 인절미를 먹는 기분까지 들게 해주는 마음 에도 착한 메뉴랍니다. 시나몬파우더를 함께 넣어 은은한 맛도 살리고 혈당도 천천히 오르게 해주어 다이어트와 당 관리, 두 마리 토끼를 잡 는 메뉴랍니다. 계피를 너무 많이 먹으면 안 좋다는 이야기도 있지만, 라미 레시피 중 0.5큰술을 넘는 것은 없고 하루 동안 이 정도는 먹어도 괜찮아요.

1 견과류를 잘게 다진다.

2 고구마는 물에 적신 키친타월로 싸서 전자
레인지에 4분 돌려 찐다.

3 껍질 벗긴 찐 고구마, 우유, 다진 견과류, 시
나몬파우더를 넣어 곱게 으깬 다음 무스 형
태를 만들어 동글동글하게 빚는다.

4 고구마볼을 볶은 콩가루에 잘 굴려서 묻히
면 완성.

✦ 고구마볼은 한입에 들어갈 크기로 빚으면 먹기에
편해요.

✦ 콩가루가 없다면 흑임자가루, 카카오파우더, 프
로틴파우더, 식사 대용 쉐이크가루 등을 살짝 굴
려서 먹어도 색달라요. 미숫가루는 쌀, 현미, 귀리
등을 함께 갈아 만들기 때문에 탄수화물 함량이
높아 다이어트식으로는 추천하지 않습니다.

베이킹 왕초보도 몸고생, 마음고생 없이 만드는

비건 두부 브라우니

분량
2인분 | 소요시간
35분

준비
재료

| 가루재료 |

밀가루(박력분) 100g
스테비아 50g
카카오파우더 50g
베이킹파우더 3g
시나몬파우더 3g
소금 두 꼬집

| 액체재료 |

두부 200g
두유 150ml
코코넛오일 30g
바닐라오일 5ml

| 토핑 |

견과류 30g

요즘은 쉽게 찾아 볼 수 있는 '비건빵'. 비건 메뉴이지만, 채식주의자가 아닌 다이어트를 하는 분들이나 건강 관리를 하는 분들도 건강한 빵이라 생각하고 많이들 찾는 것 같아요. 하지만 비건일 뿐 다이어트 빵은 결코 아니에요. 생각보다 지방 함유량이 높아서 오히려 키토식을 하는 분들께 더 잘 맞을 메뉴죠.

저도 다양한 비건빵을 먹어 보았고 정말 좋아하는데, 그러던 중 들어가는 재료를 직접 내 눈으로 확인하고 기름 사용도 최소한으로 해서 더 건강하게 만들고 싶어졌어요. 베이킹 초보인 제가 했으니 누구나 따라 만들 수 있을 만큼의 난이도랍니다.

담백 쫀득 퍽퍽한 라미표 비건 브라우니 한번 도전해 보세요!

1   모든 가루 재료를 체에 친다.

2   모든 액체 재료를 믹서에 곱게 간다.

3   준비한 1과 2를 모두 넣고 잘 섞어 질척거
리는 농도로 맞춘다.

4   틀에 담고 토핑을 얹은 뒤 160℃로 5분
예열한 에어프라이어에 160℃로 25분 구
위 완성.

✦   스테비아 대신 알룰로스 50g으로 대체 가능해요.
단, 알룰로스는 액체 재료와 함께 갈아 주세요.

✦   바닐라오일이 없다면 생략해도 좋지만, 넣으면
풍미가 살아나요.

✦   코코넛오일이 없다면 올리브유로 대체해도 됩니다.

✦   플레인 요거트와 함께 먹으면 근사한 카페 디저
트 부럽지 않아요.

✦   한 끼니에 위 레시피의 1/2 정도의 양이 권장량입
니다.

씁쓸하고 향긋해서 모든 맛이 좋았다

말차 두부 브라우니

분량
2회분

소요시간
35분

준비
재료

| 가루 재료 |

밀가루(박력분) 100g
말차파우더 40g
스테비아 25g
베이킹파우더 3g
소금 두 꼬집

| 액체 재료 |

두부 200g
두유 2/3컵
코코넛오일 30g
바닐라오일 5ml

| 토핑 |

견과류 30g

자타공인 말차 덕후 라미니까 말차 버전도 만들어 봤어요. 말차의 카테킨 성분은 항산화 효과, 혈중 콜레스테롤 관리에도 도움을 줘요. 말차를 이용한 영양제나 칼로리 버닝 제품을 사 먹는 것보다 음식에서 똑똑하게 챙겨 먹고 다양하게 식단을 하는 것을 추천해요.

씁쓸 향긋한 말차 맛을 좋아하는 분들이라면 그릭 요거트나 저칼로리 아이스크림을 토핑해서 꼭 드셔 보세요. 탄수화물과 단백질을 고루 섭취할 수 있고 은은한 초록빛 색감이 기분도 즐겁게 해줘요.

2회 분량이라서 하나는 바로 먹고 하나는 얼려 두었다가 살짝 해동해 먹으면 또 새로운 맛이랍니다. 다크초콜릿이나 카카오닙스가 있다면 반죽에 넣어 함께 구워내면 초코와 말차의 두 가지 맛을 한꺼번에 즐길 수 있는 응용이 무궁무진한 메뉴예요.

1 모든 가루 재료를 체에 친다.

2 모든 액체 재료를 믹서에 곱게 간다.

3 준비한 1과 2를 모두 넣고 잘 섞어 질척거리는 농도로 맞춘다.

4 틀에 담고 토핑을 얹은 뒤 160℃로 5분 예열한 에어프라이어에 160℃로 25분 구워 완성.

✦ 스테비아 대신 알룰로스 50g으로 대체 가능해요. 단, 알룰로스는 액체 재료와 함께 갈아 주세요. 저는 스테비아가 어느 정도 함유된 슈퍼말차파우더를 사용하였는데, 슈퍼말차파우더가 없다면 일반 말차가루(녹차가루) 25g과 스테비아 15g으로 변경하여 만들어도 충분히 맛날 거예요.

✦ 바닐라오일이 없다면 생략해도 좋지만, 넣으면 풍미가 살아나요. 코코넛오일이 없다면 올리브유로 대체해도 됩니다.

✦ 토핑은 비건초코칩도 말차와 너무 잘 어울려요. 또는 건과일(건자두, 건무화과, 건크랜베리)과 구우면 말차의 약간 씁쓸함과 건과일의 쫀득 달달한 맛이 어우러져 맛이 좋아요. 토핑으로 올리지 않고 안에 넣고 싶다면 3번 과정에 넣어 전체에 재료가 퍼지도록 반죽해서 구워 주세요.

✦ 한 끼니에 위 레시피의 1/2 정도의 양이 권장량입니다.

밀가루 없이 뚝딱 만드는 해물파전

오트밀 파전

분량
1인분

소요시간
15분

준비
재료

| 주재료 |

퀵오트밀 40g
칵테일새우 6개
달걀 2개
대파 1대

| 양념 |

물 1/4컵
올리브유 1큰술
다진 마늘 0.3큰술
소금 한 꼬집
후춧가루

해물파전이 먹고 싶던 날 집에 있는 칵테일새우로 만들어 먹었던 첫 날을 잊을 수 없어요. 때마침 비도 보슬보슬 내렸고 시골에서 가져온 대파도 듬뿍 있어서 따로 재료도 필요 없었거든요. 처음 만들어 먹고 사흘 내리 만들어 먹고, SNS에서 많은 사랑을 받았던 메뉴이기도 해요. 해물파전 같은 맛이 나고, 오히려 더 담백하다고 칭찬해 주는 분들도 많았어요.

저는 모양을 내려고 새우를 얄팍하게 썰어 위에 콕 박아 구워냈지만, 어려운 작업일 수 있어서 레시피 설명에는 모두 다져 넣는 걸로 했어요. 초보자들은 모두 다져서 넣고, 요리 금손님들은 새우 절반은 다지고, 절반은 얄팍하게 썰어 모양을 내보는 것도 좋을 것 같아요.

왜냐면, 예쁘면 기분이 좋으니까요!

1   새우는 해동하여 잘게 자르고, 청양고추, 대파는 얇게 썰어 둔다.

2   오트밀에 달걀, 물을 넣고 잘 섞은 뒤 약 5분간 불린다.

3   오트밀 반죽에 새우, 대파, 다진 마늘, 소금, 후춧가루를 넣어 파전 반죽을 만든다.

4   달군 팬에 기름을 두르고 반죽을 6~9등분 하여 떠 넣은 뒤 중약불에서 앞뒤로 노릇하게 굽는다.

✦   반죽을 너무 두껍게 부치면 퍽퍽해요! 반죽 양을 고려했을 때 6~9등분으로 얇게 부치는 것이 가장 맛이 좋았어요.

✦   전을 부칠 때 기름이 더 필요하다면 0.5큰술 정도 추가해서 부치세요.

✦   보통 집에 대파를 많이 갖고 있기 때문에 대파를 사용하였는데, 쪽파로 하면 더욱 맛있어요. 쪽파, 대파도 없다면 부추로 대체해도 좋아요.

✦   간장 찍먹파라면 초간장 양념(진간장 0.5큰술, 물 0.5큰술, 식초 0.3큰술, 고춧가루와 참깨 조금), 고소한 양념(진간장 0.5큰술, 물 0.5큰술, 참기름 0.3큰술, 고춧가루와 참깨 조금)을 만들어 함께 드세요.

바디프로필 준비 기간에도 만들어 먹었어요!

프로틴 순두부 아이스크림

분량
2회분

냉동
3~4시간

소요시간
10분

준비
재료

| 주재료 |

순두부 400g
프로틴파우더 2큰술
코코아파우더 3큰술
스테비아 2큰술

요즘은 맛있고 성분이 꽤 괜찮은 다이어터용 아이스크림들이 많이 나와 있어요. 하지만 저칼로리, 저당 아이스크림들마저도 먹을 수 없는 강력하고 무자비한 다이어트 시즌이 있잖아요.

그래서 바디프로필을 준비하면서도 먹을 수 있을 만한 건강한 아이스크림 레시피를 가져왔어요. 내 두 눈으로 들어가는 재료를 확인하고 먹을 수 있는 재료들만 넣어 만든 아이스크림이라 안심하고 먹을 수 있을 거예요. 특히나 유지방에 민감할 정도로 강력한 다이어트 중이라면 더 말할 것도 없겠죠. 프로틴파우더도 추가해 단백질도 챙긴 사각사각 쫀득하고 건강한 아이스크림을 만들어 보세요.

1   모든 재료를 넣고 믹서에 간다.

2   뚜껑이 있는 용기에 담아 3~4시간 이상 얼려 완성.

✦   조금 여유로운 다이어트 중이라면 바나나 1개를 함께 갈아 얼리면 더욱 달달하고 향긋한 맛을 낼 수 있어요!

✦   프로틴파우더의 맛에 따라 아이스크림의 맛이 달라져요. 만약 코코아파우더와 어울리지 않는 맛의 프로틴파우더라면, 코코아파우더 대신 프로틴파우더로 농도를 맞추면 됩니다.

✦   3~4시간 정도 얼리면 딱 먹기 좋은 정도인데, 그 이상 오래 얼릴 경우 딱딱해져서 숟가락으로 뜨기 어려워져요. 그럴 땐 전자레인지에 1분~1분 30초간 돌리고 잘 섞어 주면 부드럽게 떠집니다.

천덕꾸러기 프로틴파우더가 홈카페 감성으로 완벽 부활

프로틴 라떼

분량
1인분

소요시간
10분

준비
재료

| 주재료 |

에스프레소 1샷
저지방우유 1컵
프로틴파우더 2큰술
시나몬파우더 0.3큰술
얼음 1컵

코로나 이후로 집에서 홈카페를 즐기는 일이 일상이 되어버렸어요. 갓내린 커피와 함께 카페에서 업무를 보던 때가 있었는데, 집에만 있다 보니 나만의 홈카페가 점점 진화하더라고요. 사실 저는 예쁜 음료를 잘 만들지 못했는데, 계속 만들다 보니 홈카페 실력도 점점 늘더라고요. 이왕 마시는 거 집에 있는 프로틴파우더를 이용해 단백질도 살짝 넣고 조금 더 건강하게 마셔 보면 어떨까 하는 생각에 만들어 먹고는 맛있어서 종종 찾게 되는 라미 다방 메뉴랍니다.

일반 라떼보다 단백질도 채웠으니 마실 때 유지방을 먹는다는 죄책감도 조금 줄고, 구석에 처박혀 있던 천덕꾸러기 프로틴파우더도 맛있게 즐길 수 있는 프로틴 라떼랍니다.

1   우유와 프로틴파우더를 잘 섞는다.

2   잔에 얼음을 넣고 에스프레소를 따른다.

3   2에 잘 섞어 둔 1을 따른다.

4   시나몬파우더를 솔솔 뿌려 마무리한다.

✦   우유거품을 만들어 올린 뒤 파우더를 뿌리면 더
예쁘고 맛이 좋아요.

✦   프로틴파우더 맛으로 라떼의 맛이 결정되니, 과
일향이나 요거트향이 나는 프로틴파우더는 추천
하지 않아요.

✦   시나몬파우더 대신 코코아파우더도 좋고 우유 대
신 두유, 아몬드유, 귀리우유 등을 사용해도 맛있
어요.

국민 식재료 갓두부, 착한 가격의 든든한 한 끼

통두부 구이

분량
1인분

소요시간
25분

준비
재료

| 주재료 |

두부 1모(300g)
새싹채소 15g

| 양념 |

물 2큰술
올리브유 1큰술
굴소스 2/3큰술
알룰로스 0.5큰술
다진 마늘 0.3큰술
참기름 0.3큰술
참깨

요즘 하루가 다르게 식재료비가 올라가 시장 보기가 무서워졌어요. 그
래도 우리의 국민 식재료 '갓두부님'은 매년 착한 가격을 유지하고 있
어서 다이어트 할 때 든든한 친구가 되어 준답니다. 특히 두부는 단백
질에 포만감도 주는 건강 식재료니까 한 모 통째로 먹으면 더 행복하
겠죠? 이전 끼니나 이후 끼니에 탄수화물을 많이 먹었다면 간단하게
딱 통두부 구이만 먹어도 좋고, 반찬으로 곁들여도 좋은 메뉴랍니다.
겉은 쫄깃하고 속은 촉촉한 통두부 구이는 남녀노소 어느 누구랑 함께
먹어도 다이어트 식단이라는 생각이 들지 않을 만큼 맛도 좋고 영양도
듬뿍이니 꼭 모두 함께 즐겨 주세요.

1 　새싹채소는 깨끗이 씻어 물기를 제거한다.

2 　두부는 바닥면 1cm 정도를 남기고 격자무
　늬로 칼집을 낸다.

3 　칼집을 낸 두부의 윗면, 옆면에 기름을 고
　루 발라 에어프라이어에 190℃로 20분 돌
　린다.

4 　올리브유를 뺀 나머지 양념을 섞어 소스
　를 만들어 구운 두부 위에 얹고, 새싹채소
　를 곁들여 먹는다.

✦ 　바삭하게 구울수록 통두부 구이의 매력이 살아나
　고, 칼집을 낸 면을 똑똑 떼어 먹는 재미가 쏠쏠해요.

✦ 　집에 고추냉이가 있다면 조금씩 얹어서 같이 드
　셔 보세요. 마치 일식집에서 고급 에피타이저를
　먹는 기분일 거예요.

✦ 　밥과 함께 곁들여 균형 있는 영양소 섭취로 든든
　하게 한 끼를 해결할 수도 있어요.

오트밀 배추전

분량
1인분

소요시간
20분

준비
재료

| 주재료 |

퀵오트밀 40g
달걀 1개
배춧잎 6장

| 양념 |

물 1/2컵
올리브유 1큰술
소금 한 꼬집

식단을 구성하다 보면 채소의 섭취가 쉽지는 않죠? 샐러드로 식단을
하게 되면 충분히 섭취하지만, 매일 샐러드만 먹을 수는 없고, 계절에
따라 채소가 너무 비싸면 부담스러울 때도 있더라고요.

그래서 채소값이 금값이 되는 겨울이 제철인 식이섬유 대장 배추를 주
재료로 한 '배추전'을 소개합니다. 배추를 통째로 구워 채소 섭취도 넉
넉히 할 수 있고, 겨울철엔 알배추의 가격이 한 통에 1천원부터 2천원
안쪽으로 너무나 저렴하고, 제철이라 영양소는 물론 달달하고 아삭함
까지 두루 갖추고 있어 겨울엔 꼭 먹는 메뉴 중 하나랍니다.

부족한 단백질은 달걀로 채워 주고 탄수화물은 밀가루 대신 착한 재료
오트밀로 대체하여 만든 아삭함이 매력적인 다이어터 버전 오트밀 배
추전으로 채소 섭취 충분히 해보세요.

1 배추는 깨끗이 씻어 단단한 줄기 부분을 손바닥으로 납작하게 누른다.

2 오트밀을 믹서에 곱게 갈아 물, 달걀, 소금을 넣어 반죽을 만든다.

3 반죽에 배추를 담가 고루 묻힌다.

4 달군 팬에 기름을 두르고 배추를 앞뒤로 구워 완성.

✦ 오트밀이 없으면 밀가루나 부침가루를 2~3큰술 사용하여 식단 중 한 번쯤 드셔도 좋을 메뉴입니다. 단, 기름 사용은 최소화할 수 있도록 기름을 두른 뒤 키친타월로 한 번 닦아낸 뒤 구워 주세요.

✦ 반죽에 물을 조금 더 넣어 묽은 반죽을 만들면 배춧잎을 더 추가해 구울 수 있어요. 하지만, 묽을수록 반죽이 벗겨지지 않도록 굽는 요령이 필요합니다.

✦ 양념장에 찍어 먹는 전을 선호하신다면 소금 밑간을 빼고 양념장(간장 0.5큰술, 물 0.5큰술, 참기름 0.3큰술, 고춧가루, 참깨)을 만들어 곁들여 보세요!

'분식' 없으'면' 못 살아!

다이어트 하면서 분식이나 면이 먹고 싶지 않은 사람이 있을까요?
저는 분식 없이는 못 사는 사람이라서 다이어트 중에도 먹을 수 있는 분식 레시피를 만들기 위해 많이 고민했어요.
저와 같은 분들을 위하여 죄책감 없이 건강 식단으로 즐길 수 있는 분식과 면 레시피들을 공개할게요.
흔한 분식과 면 메뉴가 다이어터 버전으로 재탄생해 신박한 메뉴로 변신하는 기적을 꼭 경험해 보세요.

달걀 국수

분량
1인분

소요시간
15분

준비
재료

| 주재료 |

달걀 3개
실곤약 100g
부추 25g

| 양념 |

물 2½컵
굴소스 1큰술
간장 0.5큰술
올리브유 0.5큰술
소금 한 꼬집
후춧가루

탄수화물이 가득한 식사를 하고 왠지 모를 죄책감에 시달린다면, 저 탄수지만 단백질이 푸짐하여 든든한 식단을 구성하면 어떨까요? 특히 면 요리가 당기는 날이라면 담백한 달걀 국수는 최고의 선택이 될 거예요.

달걀 국수는 어느 국수 맛집의 달걀말이 국수가 너무 먹고 싶어서 만들어 본 메뉴인데, 국수 양을 더 많아 보이게 하고 씹는 맛을 풍부하게 살려 보고 싶어서 달걀 지단을 면처럼 가늘게 썰어 곁들였더니 보기에도 좋고 맛도 좋더라고요! 평양냉면 같은 심심하지만 부드러운 맛과 향긋한 부추향이 풍성한 하모니를 이룬답니다. 자극적이지 않은 담백한 국수라서 김치와 곁들여 먹으면 더욱 맛나요!

1 부추는 깨끗이 씻어 잘게 썬다.

2 달걀을 잘 풀어 소금 간을 하고 달군 팬에
   기름을 둘러 지단을 2장 부친 뒤 돌돌 말
   아 얇게 썬다.

3 냄비에 물, 간장, 굴소스, 후춧가루를 넣어
   육수를 끓인다.

4 실곤약을 뜨거운 물에 헹궈 건져 그릇에
   담고, 채 썬 지단과 부추를 얹어 육수를 부
   어서 완성.

✦ 지단이 타지 않도록 약불에 은근히 익혀 주세요.
   지단은 얇게 부쳐서 가늘게 썰어야 면과 잘 어우
   러져서 국수 식감이 제대로 재미나게 나요.

✦ 실곤약 대신 면두부를 넣어도 좋고, 실곤약을 빼
   고 달걀(4개)로만 면을 만들어 먹어도 좋아요!

면두부 땡초김밥

분량
1인분

소요시간
15분

준비
재료

| 주재료 |

잡곡밥 100g
면두부 80g
청양고추 2개
김밥용 김 1장
깻잎 1/2묶음

| 양념 |

간장 2큰술
알룰로스 1큰술
고춧가루 1큰술
물 0.5큰술
다진 마늘 0.3큰술
올리브유 0.3큰술
후춧가루

다이어트 하면 자극적이고 화끈한 맛이 유난히 더 당기잖아요? 저는 맵찔이 대표주자인데도 다이어트만 했다 하면 그렇게 매운맛이 당기더라고요. 그래서 다이어트를 시작하면 땡초(청양고추)를 꼭 쟁여 두는 편이에요.

어느 날 아주 매운 어묵김밥이 먹고 싶어서 냉장고 속 면두부로 후다닥 만들어 먹었는데, 한 입 먹는 순간 혼자서 얼마나 웃었는지 몰라요. 너무 맛있어서 말예요. 바로 SNS에 올렸는데 역시나 반응이 폭발적이었고, 따라 해 드신 분들 모두 엄지 척을 날려 주신 히트 메뉴였어요.

면두부를 가득 넣어 식물성 단백질을 푸짐히 챙기고, 깻잎으로 부족한 식이섬유와 철분과 칼륨까지 채워 주니 완벽한 건강식이 되었답니다.

1 청양고추는 잘게 다지고, 깻잎은 깨끗이
  씻어 꼭지를 잘라 낸다.

2 물기를 제거한 면두부에 청양고추와 양념
  을 모두 넣어 버무린다.

3 달군 팬에 양념한 면두부를 넣고 물기가
  사라질 때까지 바짝 볶는다.

4 김 위에 밥을 깔고 깻잎 – 면두부 – 깻잎
  순으로 올려 말면 완성.

✦ 면두부의 굵기는 상관없어요. 개인의 취향대로 선
  택하면 됩니다!

✦ 청양고추의 양도 취향껏 조절하고, 깻잎은 넉넉히
  1묶음 다 사용해도 좋아요.

✦ 김밥 말기가 어려운 분들은 밥을 최대한 김 전체
  에 얇게 간 뒤 재료를 가운데에 넣고 말면 성공률
  을 더 높일 수 있어요!

들기름 막국수보다 건강한 꿀조합

들기름 냉파스타

분량
1인분

소요시간
20분

준비
재료

| 주재료 |

통밀파스타(건면) 50g
닭가슴살(완제품) 100g
깻잎 1/2묶음

| 양념 |

들기름 1큰술
간장 0.5큰술
소금 한 꼬집
후춧가루
김가루

들기름 파스타가 인기를 얻으며 들기름 파스타 위에 낙지젓을 얹어 먹는 레시피가 대유행을 했었는데요, 저도 그 꿀조합 정말 사랑합니다. 하지만, 다이어트 하면서는 염분도 높고 당이 가득한 양념젓갈을 먹기란 쉽지 않죠.

그래서 젓갈 대신 다이어터라면 무조건 냉장고에 가지고 있을, 단백질 가득한 닭가슴살로 바꿔 더 든든하고 클린하게 만들어 봤는데 너무 맛있는 거예요. 이 꿀조합을 널리널리 알리고 싶어서 이번 책에 꼭 소개해야겠다고 다짐했답니다.

시원하게 먹는 냉파스타라서 사계절 내내 언제라도 맛있게 먹을 수 있고, 도시락으로 싸기에도 좋아요. 간단한 양념에 조화로운 맛, 꼭 경험해 보세요.

1 끓는 물에 파스타를 10분간 삶아 찬물에 헹궈 둔다.

2 깻잎은 씻어 돌돌 말아 채 썰고, 닭가슴살은 얇게 썬다.

3 파스타에 김가루를 뺀 모든 양념을 넣고 간이 배도록 버무린다.

4 그릇에 깻잎 채를 깔고 파스타와 닭가슴살을 얹은 뒤 김가루 토핑을 올려 완성.

✦ 삶은 파스타를 찬물에 헹구는 이유는 텁텁한 전분기를 빼고 면을 차갑게 하기 위해서예요.

✦ 단백질 토핑은 닭가슴살 외에 새우, 오징어, 골뱅이(통조림)와 같은 수산물도 깔끔하게 잘 어울리고, 돼지고기나 소고기를 곁들이면 묵직한 요리가 되어 더 푸짐해져요.

✦ 면파스타 대신 푸실리나 펜네로 만들면 모양도 색다르고 예쁘니 다양하게 만들어 보세요.(양은 건면과 같은 양으로!)

✦ 깻잎을 사랑한다면 푸짐하게 1묶음 모두 넣어도 좋고, 김가루는 조미 김가루가 없으면 마른 김을 잘라 넣어도 맛있어요.

다이어터를 위한 건강한 일탈

얼큰 고기 짬뽕

분량
1인분

소요시간
20분

준비
재료

| 주재료 |

소고기(우둔살) 100g
면두부 100g
배추 100g(4장)
양파 20g
당근 10g
청경채 1개

| 양념 |

물 2¼컵
올리브오일 2큰술
고춧가루 1.5큰술
다진 마늘 1큰술
간장 1큰술
굴소스 0.5큰술
후춧가루

중국집의 양대산맥 중 하나는 바로 얼큰한 짬뽕. 해장 메뉴로도 좋지만, 사실 짬뽕은 쌀쌀한 날이나 비오는 날에 굉장히 당기는 메뉴죠. 저는 그중에서도 고기 맛 듬뿍 나는 얼큰하고 깊은 맛의 차돌짬뽕을 참 좋아한답니다. 그런데 다이어터에게 짬뽕은, 그것도 차돌짬뽕은 가까이 할 수 없는 당신이잖아요.

하지만 제가 누군가요. 최소한의 양념 조합과 담백한 우둔살로 짬뽕 맛을 내기 위해 고민했고, 밀가루면 대신 면두부를 사용하여 조금 더 가볍게 즐길 수 있도록 만들었어요. 자극적인 맛은 다이어트의 적이지만, 지친 다이어트 중 한 번쯤 이렇게 건강한 일탈은 해도 되겠죠? 냉장고 채소들 가득 넣어 푸짐하게 즐기면 배도 든든 마음도 든든해질 거예요.

1   배추와 양파는 채 썰고, 당근은 반달썰기, 청경채는 2등분하여 준비한다.

2   달군 팬에 올리브오일, 고춧가루, 다진 마늘을 넣어 약불로 30초가량 볶아 고추기름을 낸다.

3   고추기름에 우둔살을 넣어 중불로 볶다가 고기가 80% 익었을 때 배추, 양파, 당근, 간장을 넣고 볶는다.

4   물, 굴소스, 후춧가루, 청경채를 넣어 재료가 고루 섞이도록 끓이고, 그릇에 두부면과 함께 담아 완성.

✦   더 얼큰한 맛을 느끼고 싶다면 청양고추를 다져 마지막에 올리고 후춧가루를 톡톡 뿌려 드셔 보세요. 훨씬 얼큰하고 칼칼한 맛을 느낄 수 있어요.

✦   배추는 양배추로 대체할 수 있고, 좀 더 진한 맛을 원하면 청경채는 절반만 넣어도 괜찮아요. 청경채가 없다면 생략하거나, 부추, 시금치, 애호박 등 다른 녹색 채소로 대체 가능해요.

그림의 떡 비빔국수? 영양 밸런스만 맞추면 OK!

고기간장 비빔국수

분량
1인분

소요시간
15분

준비
재료

| 주재료 |

얇은 면두부 100g
돼지고기(다짐육) 100g
달걀 1개
청양고추 1개

| 양념 |

간장 1.5큰술
올리고당 1큰술
참기름 1큰술
다진 마늘 0.3큰술
참깨 0.5큰술
후춧가루

한창 SNS를 뜨겁게 달궜던 간장비빔국수를 기억하시나요? 저에겐 그 간장비빔국수가 유년시절 소울푸드였어요! 갓 삶아낸 소면에 간장, 참기름, 참깨만으로 간한 뒤 호로록 먹었던 고소하고 짭조름한 맛이 지금까지도 생생하게 떠오를 정도예요. 최근 추억의 간장비빔국수가 각종 SNS에서 아주 핫했었죠. 하지만 다이어터에게는 말 그대로 그림의 떡! 소면은 탄수화물 비율이 높고 당도 높아 절대 금지 식재료잖아요.

그래서 얇은 면두부로 소면 느낌을 내고 더 영양가 있게 단백질을 추가해 영양 밸런스를 맞춰 든든하고 건강한 다이어트 식단으로도 먹을 수 있는 고기간장 비빔국수를 만들었어요. 매콤 알싸한 청양고추에 노른자 소스로 부드럽게 감싸주는 핫한 그 맛! 한번 드셔 보세요.

1 청양고추는 얇게 썬다.

2 달걀은 찬물에 넣어 끓이기 시작해서 기포
가 올라온 후 8분간 삶아 껍질을 깐다.

3 다진 고기에 모든 양념을 넣어 고기가 잘
익을 때까지 중불로 팬에 볶는다.

4 물에 헹궈 물기를 제거한 면두부에 양념
고기와 청양고추, 달걀을 올려 완성.

✦ 매콤한 맛을 추가하고 싶다면, 고기 볶을 때 고춧
가루 1큰술을 추가하고, 청양고추의 양도 팍팍 늘
려 주세요!

✦ 반숙 달걀은 생략해도 괜찮아요.

✦ 소면과 비슷한 느낌을 내고 싶어서 얇은 면두부
를 선택했는데, 넓은 면두부도 좋아요. 단, 실곤약
면은 물기가 많이 생기는 편이라 추천하지 않습
니다.

더운 여름, 불 앞에서 육수 낼 필요 없이 후루룩

면두부 김치말이 국수

분량
1인분

소요시간
15분

준비
재료

| 주재료 |

얇은 면두부 100g
김치 60g
오이 1/4개(40g)
삶은 달걀 1개
청양고추 1개

| 양념 |

물 2컵
김치국물 5큰술
식초 2큰술
올리고당 1큰술
액젓 1큰술
고춧가루 0.5큰술
소금 한 꼬집
참깨

여름철 면 메뉴 하면 떠오르는 김치말이 국수! 어릴 때 가족들과도 자주 해 먹었는데요, 이번에는 다이어터 여러분과 함께 먹기 위해 최소 양념으로, 육수도 낼 필요 없이 간단하게 말아 보았어요. 면은 소면과 비슷하게 얇은 면두부를 이용해 씹는 맛을 더하고, 달걀은 반숙으로 부드럽게 곁들였답니다. 새콤한 국물이 면두부에 스며들고 김치와 오이가 아삭하게 씹혀 간단하지만 별미인 메뉴예요.

달걀 말고 돼지고기 안심을 구워서 면과 함께 호로록 먹으면 삼겹살 집에서 후식으로 먹던 김치말이 국수를 떠올려 볼 수 있어요. 다이어트에도 지치고 더운 날씨에도 지치는 그런 날 꼭 드셔 보세요!

1 오이는 채 썰고, 청양고추는 얇게, 김치는 잘게 썬다.

2 그릇에 물을 제외한 모든 양념과 김치를 넣어 섞은 뒤 물을 부어 국물을 만든다.

3 물에 헹궈 물기를 제거한 면두부를 국물에 넣고 오이채와 삶은 달걀, 청양고추 고명을 얹어 완성.

✦ 조미 김을 잘게 부숴 추가해 주면 김가루의 양념이 국물과 섞여 맛이 더 좋아요.

✦ 얼음을 동동 띄워 시원하게 먹어도 좋아요!

도톰하고 꼬들한 식감이 재밌어요

로제 곤약우동

분량
1인분

소요시간
15분

준비
재료

| 주재료 |

닭가슴살(완제품) 100g
곤약우동면 120g
칵테일새우 5개
양파 1/4개(50g)
냉동 야채믹스 40g

| 양념 |

저지방우유 1팩(190ml)
토마토소스 3큰술
올리브유 0.5큰술
다진 마늘 0.5큰술
파슬리가루
후춧가루

토마토소스와 크림의 조합은 무조건 '믿먹'이죠! 부드러운 크림과 새콤한 토마토소스가 만나면 색감도 핑크빛으로 변하고 맛도 더블로 변한다고요. 토마토파스타도 먹고 싶고 크림파스타도 먹고 싶은 날, 그럴 땐 두 가지 모두 먹을 수 있는 로제파스타가 있답니다.

통밀파스타면을 이용해도 좋지만, 도톰하고 꼬들꼬들한 매력이 있는 곤약우동면이 가장 매력적인 조합이라 추천하고 싶어요. 편하게 냉동 야채믹스를 사용해서 다양한 채소 섭취도 할 수 있고 알록달록 색감까지 사랑스럽답니다. 핑크빛 소스 자작한 로제파스타를 먹고 싶은 날에 추천할게요!

1 냉동 야채믹스와 새우는 해동하고, 닭가
슴살은 손가락 굵기로 자르고, 양파는 채
썰어 준비한다.

2 달군 팬에 기름을 두르고 중불에서 마늘과
양파를 볶다가 닭가슴살, 새우, 채소를 넣
어 볶는다.

3 재료들이 노릇하게 익으면 우유, 토마토
소스, 후춧가루를 넣고 끓인다.

4 곤약면을 물에 헹궈 물기를 제거한 뒤 함께
넣어 끓이고 파슬리가루를 뿌려서 완성.

✦ 두부면을 사용해도 괜찮지만, 곤약우동면만의 재
밌는 식감과 재료와의 조합을 느낄 수 있어요!

✦ 새우, 닭가슴살 중 한 가지로 선택하여 단백질원
을 구성해도 좋아요. 그 외에 돼지고기, 소고기,
소시지, 오리고기 등으로 대체 가능합니다.

이제 비 오는 날 칼국수나 수제비가 당기면

라이스 수제비

분량
1인분

소요시간
20분

준비
재료

| 주재료 |

라이스페이퍼 30g
달걀 2개
애호박 30g
양파 30g
당근 10g
건표고 8g
대파 약간

| 양념 |

물 3 ½ 컵
국간장 1큰술
액젓 0.3큰술
다진 마늘 0.3큰술
소금 한 꼬집
후춧가루

라이스페이퍼를 사면 월남쌈만 해 먹고 넣어 두는 경우가 많았는데, 다른 활용법을 찾았답니다. 라이스페이퍼로 수제비를 만들어 봤는데 밀가루 수제비보다 더 매력적이더라고요. 라이스페이퍼가 보들보들 호로록 들어오는 식감이 너무 좋고, 표고버섯의 감칠맛을 이용해 만든 국물이 조미료 없이도 정말 맛이 좋거든요!

비 오는 날 칼국수 말고 수제비가 당길 때가 분명히 있잖아요? 면은 곤약면이나 면두부로 대체가 가능한데 수제비는 대체할 만한 게 없어서 포기하고 있던 중 어느 날 번개처럼 라이스페이퍼가 떠올랐어요! 국물이 너무 맛있어서, 라이스페이퍼의 양을 레시피 양의 반으로 줄이고 나머지는 밥을 말아 먹기도 하는, 한국인이라면 모두가 좋아할 국물 요리랍니다.

1   애호박, 양파, 당근은 채 썰고, 대파는 얇게 썬다. 라이스페이퍼는 가위를 이용해 한입 크기로 자른다.

2   냄비에 물과 건표고를 넣고 물이 끓기 시작하면 중불로 5분 끓인 뒤 육수가 우러나면 모든 양념을 넣어 간한다.

3   애호박, 양파, 당근을 넣고 양파가 투명하게 익으면 달걀물을 풀어 30초간 그대로 두었다가 달걀이 익으면 저어서 익힌 뒤 불을 끈다.

4   라이스페이퍼와 대파를 넣어 뭉치지 않게 저으면 완성.

✦   달걀물을 풀고 30초간 달걀이 익은 뒤에 저어야 국물이 깔끔하게 완성되어요.

✦   라이스페이퍼 30g은 고구마 약 100g 정도의 탄수화물 함량을 가지고 있어요! 탄수화물 양을 가감할 때 참고하세요.

✦   건표고가 없다면 일반 생표고버섯으로 대체해도 됩니다. 건표고, 생표고버섯도 없다면 멸치나 북어채, 건새우를 같은 양 넣어 육수를 내도 좋아요.

꼬돌한 실곤약, 아삭한 콩나물로 씹는 맛 2배

실곤약 콩나물 쫄면

분량
1인분

소요시간
15분

준비
재료

| 주재료 |

실곤약 150g
콩나물 100g
오이 40g
양파 20g
달걀 1개

| 양념 |

고추장 1큰술
식초 1큰술
알룰로스 0.5큰술
고춧가루 0.5큰술
간장 0.3큰술
다진 마늘 0.3큰술
참깨 한 꼬집
참기름

분식러버인 저는 다이어트만 하면 온갖 분식이 당기곤 해요. 특히 봄, 여름에는 아삭아삭 채소들이 가득한 매콤새콤달콤 쫄면이 저를 유혹한답니다. 꼬들꼬들한 실곤약과 아삭한 콩나물을 듬뿍 넣어 만든 실곤약 콩나물 쫄면으로 다이어트 중 쫄면의 유혹을 이겨내곤 했어요. 특히 실곤약과 콩나물이 뒤섞인 식감이 너무 매력적이어서 씹는 맛을 좋아하는 분들이라면 무조건 '호(好)'를 외칠 거예요.

이 쫄면은 탄수화물이 거의 없어서, 이전 끼니 또는 이후 끼니의 탄수화물이 충분하거나, 간식으로 탄수화물을 넉넉히 먹었을 경우 가벼운 한 끼로 구성하기에 딱 좋은 메뉴예요. 저는 실곤약 콩나물 쫄면과 닭가슴살 만두(완제품)를 같이 곁들여 먹는 걸 너무 좋아해요! 쫄면+만두 조합은 말 안 해도 다들 아시죠?

1 콩나물은 깨끗이 씻어서 준비하고, 양파
와 오이는 가늘게 채 썬다.

2 달걀은 찬물에 넣어 끓이기 시작해서 기포
가 올라온 후 10분간 삶아 껍질을 깐다.

3 콩나물은 그릇에 물 1/2컵을 넣고 랩을 씌
워 전자레인지에 5분간 데친 뒤 찬물로 식
혀 물기를 제거한다.

4 물기를 제거한 실곤약을 그릇에 담고 콩
나물, 양파, 오이, 삶은 달걀을 얹은 뒤 양
념장을 올려서 완성.

✦ 실곤약 특유의 향에 민감하다면 뜨거운 물로 실
곤약을 살짝 데친 뒤 찬물에 헹궈 사용하세요. 물
기를 잘 제거해야 비볐을 때 싱거워지지 않아요.

✦ 콩나물 외의 채소는 냉장고 사정에 맞추어 냉털
메뉴로 이용해도 좋아요. 상추, 깻잎, 당근, 부추,
양배추 등을 추천해요.

다이어트 때문에 꾹 참고만 있을 만두러버들에게!

김치만두 랩

분량
1인분

소요시간
20분

준비
재료

| 주재료 |

또띠아(8인치) 1장
돼지고기(다짐육) 100g
두부 100g
김치 60g
실곤약 50g

| 양념 |

고춧가루 1큰술
올리브유 0.5큰술
다진 마늘 0.5큰술
참기름 0.5큰술
소금 한 꼬집
후춧가루

저희 가족은 겨울마다 지난해 김장을 이용해 김치만두를 꼭 만들어 먹어요. 1년 묵은 김장김치에 각종 재료를 추가해 정성껏 만두소를 만들고, 직접 반죽하여 보드랍고 쫄깃하게 만두피를 만들지요. 직접 만든 만두피에, 직접 만든 만두소를 넣어 빚은 집만두만 생각하면 절로 침이 고여요. 김장김치로 만든 집만두가 너무 생각날 때, 간단하게 만들어 욕구를 해소할 수 있는 김치만두 랩을 소개할게요.

맛은 정말 김치만두랑 다르지 않고, 속재료는 더 푸짐하고 든든해서 이게 다이어트식이 맞나 할 정도로 맛은 물론 마음까지 충족시켜 주는 레시피예요. 다이어트 때문에 입맛만 다시며 참고 있을 만두러버들, 여기로 모이세요!

1   김치와 실곤약은 물기를 잘 제거하여 잘
게 썰고, 두부는 키친타올로 물기 제거 후
으깬다.

2   달군 팬에 올리브유를 두르고 강불에서
다진 돼지고기와 다진 마늘, 소금 한 꼬집,
후춧가루를 넣어 물기 없이 노릇하게 볶
는다.

3   2의 볶은 돼지고기에 물기를 제거한 김치,
실곤약, 두부와 고춧가루, 참기름을 넣고
중불에서 한 번 더 볶아 물기를 살짝 날려
주며 재료를 섞는다.

4   매직랩을 깔고 또띠아 위에 한 김 식혀낸
김치만두소를 얹어 잘 말아낸다.

✦   또띠아가 젖지 않도록 각 재료들의 물기 제거가
중요해요. 3번 과정에서 최대한 물기가 없을 때까
지 푸석하다 싶은 느낌이 들 정도로 볶으면 좋고,
만두소를 얹기 전에 또띠아 위에 상추나 깻잎, 달
걀지단을 깔아주는 것도 좋은 방법이에요.

✦   김치 없는 고기만두 버전을 원하면, 김치 대신 데
친 숙주나물 또는 양배추(100g)를 넣으세요. 레
시피의 고춧가루는 기호에 따라 조절하고 소금은
간장 1큰술로 변경하세요.

김밥이 자꾸 터져서 속상하다면

셀프 김쌈밥 플레이트

분량
1인분

소요시간
20분

준비
재료

| 주재료 |

잡곡밥 150g
캔 참치 100g
김밥용 김 2장
청양고추 2개
파프리카 40g
오이 30g
당근 20g
무순 5g

| 양념 |

소이마요 1.5큰술
후춧가루

SNS나 쿠킹클래스에서 많이 듣는 말 중 하나가 '김밥 싸는 게 너무 어려워요', '김밥이 자꾸 터져서 속상해요'라는 말이에요. 싸기 쉬운 김밥을 생각하다가 마침 제가 산업체에 영양사로 근무할 때 메뉴로 내놓았던 '셀프 김밥'이라는 메뉴가 떠올랐어요. 단체급식의 특성상 인력이 충분하지 않으면 김밥메뉴를 제공하기 어려워요. 그 해결책으로 재료만 준비해 드리고, 작은 사이즈로 셀프로 김밥을 만들어 먹을 수 있게 제공한 메뉴가 '셀프 김밥'이에요.

특히 채소 섭취를 늘릴 수 있어서 참 좋고, 냉장고 상황에 맞춰 냉털하기도 좋은 메뉴예요. 재료만 썰어 두면 싸면서 먹으면 되니 김밥 터질 걱정 안 해도 되고, 김밥 맛은 제대로 나니 1석 2조랍니다.

1 무순은 깨끗이 씻어 물기를 제거하고 당근, 오이, 파프리카는 가늘게 채 썰고, 청양고추는 잘게 다진다.

2 캔 참치의 기름을 뺀 뒤 소이마요, 청양고추, 후춧가루를 넣어 버무려 땡초참치마요를 만든다.

3 김을 4등분하여 그릇에 담고 잡곡밥, 땡초참치마요, 오이, 당근, 파프리카, 무순을 각각 담아 내 바로바로 싸서 먹는다.

✦ 저는 김밥용 김을 이용했는데, 집에 파래김이 있다면 살짝 구워 드셔도 되고 양을 1~2장 더 늘려서 드셔도 괜찮아요.

✦ 땡초참치마요 대신 스크램블드에그를 만들어 곁들여도 좋아요! 매운 것을 좋아한다면 스크램블 시 다진 청양고추를 함께 넣어도 꿀맛이랍니다.

✦ 저는 고추냉이를 너무 좋아해서 고추냉이 곁들이는 걸 좋아해요. 톡 쏘듯 매콤한 맛이 추가되어 별미랍니다.

다이어트만 하면 걸리는 떡볶이병 완벽 퇴치!

어묵볶이

분량
1인분

소요시간
15분

준비
재료

| 주재료 |

어묵 150g
양배추 60g
달걀 1개
양파 1/4개(50g)
청양고추 1개

| 양념 |

물 1 1/2컵
고추장 1큰술
알룰로스 1큰술
간장 0.5큰술
스리라차 0.5큰술
후춧가루

저는 다이어트만 했다 하면 '떡볶이병'에 걸려요. '다이어트 시작!'을 외치고 나면 시작부터 끝까지 가장 먹고 싶은 음식 1위가 떡볶이디라고요. 평소에 떡볶이를 가장 좋아하진 않는데 참 신기했어요. 요즘엔 여러 업체에서 만들어 파는 다이어트 떡볶이를 흔하게 만날 수 있어요. 하지만 그마저도 탄수화물 함량이나 당류가 높아 좀 꺼려질 때가 있지요.

그래서 라미표 레시피로 직접 만들어 보았습니다. 탄수화물이 부담스런 떡 대신에 어묵으로 어묵볶이를 만들었는데, 어육 함량 높은 어묵을 사용하여 단백질도 보충하고 어묵의 감칠맛으로 다른 조미료 없이도 맛을 내기 좋았어요. 만들어 파는 다이어트 떡볶이보다 단백질과 채소가 풍족한 직접 만든 어묵볶이 식단은 어떨까요?

1 어묵, 양배추, 양파는 먹기 좋은 크기로 썰고, 청양고추는 송송 썰어 준비한다.

2 달걀은 찬물에 넣어 끓이기 시작해서 기포가 올라온 후 10분간 삶아 익힌 뒤 껍질을 깐다.

3 물을 끓이고 양념장을 모두 풀어 끓인다.

4 삶은 달걀을 제외한 모든 재료를 넣어 양념이 배고 잘 익을 때까지 끓인다. 삶은 달걀을 곁들여 완성.

✦ 면사리가 당기는 날엔 면두부나 실곤약을 더해 면느낌이 날 수 있도록 식감을 더해 주세요.

✦ 어묵을 고를 때 어육 함량이 70% 이상인 제품을 선택하는 것이 밀가루 함량이 적은 제품을 고를 수 있는 방법이에요. 어묵이 뭉쳐지도록 소량의 밀가루는 필요하지만, 어육이 많을수록 단백질의 양도 늘어나고 다이어트 식단에 도움이 된답니다.

타락 입맛 잡아주는 라미표 119 2주 식단

105가지 레시피를 다양하게 즐겨보셨나요?

저는 그날 냉장고에 있는 재료에 따르거나 먹고 싶은 식단을 즉흥적으로 만들어 먹는 편이라 식단 계획표를 짜지는 않아요. 하지만 '타락한 입맛을 회개하기 위해서' '명절&생일 주간에 몸무게가 갑자기 불어서' '오랜만에 모임에 가야 해서' 등의 다양한 이유로 효율적인 식단 계획표가 필요하다는 인친님들의 DM을 받으면서, 상황에 따라서는 살짝 타이트한 식단 계획표가 필요하겠다는 생각도 했어요. 그래서 준비한 라미표 급하게 찐 살 급하게 빼는 '119 2주 식단'입니다!

긴급(?)한 상황에 필요한 식단이지만 밥, 면, 빵을 다양하게 넣어 질리지 않고, 식물성 단백질과 동물성 단백질을 고루 분배하여 영양도 알차게 챙긴 2주 식단을 만들고 싶었어요. 책에 소개한 대용량 메뉴인 시금치 카레, 짜장소스, 아보카도크림, 전기밥솥 수비드를 활용해서 한 번 만들어 두고 편하게 먹을 수 있도록 조리 부담도 낮추고 싶었고요.

아침, 점심, 저녁 메뉴 선정 기준은 다음과 같아요. 이 기준을 참고해서 나만의 119 식단을 만들어 좀 더 행복한 건강&다이어트 식단을 즐길 수 있기를 두 손 모아 기원합니다!

✦ 아침 ✦ 만들기 쉽고 소화가 잘 되는 메뉴로!

바쁜 아침에 간단히 빠르게 만들 수 있으면서, 먹기 편하고 소화가 잘 되는 메뉴들로 구성했어요. 대신 주말에는 시간적 여유가 있으니 손은 좀 더 가지만, 주말 아침을 활기차고 기분 좋게 시작할 수 있는 메뉴들로 골랐어요.

✦ 점심 ✦ 가장 든든한 메뉴로!

하루 중 에너지를 가장 많이 사용할 오후 시간을 더 알차게 보내기 위해서 점심은 세끼 중 가장 든든한 메뉴들로 선정했어요. 평일 점심은 도시락을 싸는 직장인이나 학생도 있으니 도시락이 가능한 식단을 고민했고, 주말 점심은 늘 먹고 싶은 '속세 맛'을 즐길 수 있는 더 특색 있는 메뉴로 선정했어요.

✦ 저녁 ✦ 가볍지만 기분 낼 수 있는 메뉴로!

저녁은 힘들었을 하루를 마무리하며 다음 날 부담이 없는 메뉴 위주로 선정했어요. 저탄수화물이지만 스트레스를 풀 수 있는 기분 내는 메뉴들이랍니다. 주말 식사는 평일보다 좀 더 기분을 냈으니 일요일의 마지막 식사는 가장 가벼운 메뉴들로 선정해서 월요일의 부담을 줄이고자 했어요.

	월	화	수	목	금	토	일
아침	오트밀 김죽 106쪽	단짠 브레드푸딩 132쪽	팽이버섯 달걀동 152쪽	흑임자 오트밀죽 102쪽	또띠핫도그 214쪽	시금치 달걀 오픈토스트 130쪽	두부 콩나물 국밥 100쪽
점심	시금치커리 덮밥 &소등심구이 64쪽	면두부 땡초김밥 238쪽	에그 포테이토 랩 212쪽	저염 저당 연어장 덮밥 46쪽	닭갈비 볶음밥 (수비드) 154쪽	면두부 짜장면 80쪽	착한 찜닭 덮밥 (수비드) 140쪽
저녁	면두부 오코노미야키 178쪽	밀피유 찜 112쪽	순두부 짜글이 92쪽	어묵볶이 258쪽	다이어트 탕수육 182쪽	빵빵지 196쪽	아보카도 씬 피자 128쪽
아침	고구마 인절미볼 218쪽	꿀호떡롤 210쪽	게살 원팬토스트 126쪽	오트밀 카레 닭죽 (수비드) 104쪽	아보카도크림 콜드수프 82쪽	시금치 카레 파스타 168쪽	아보카도크림 오픈토스트 84쪽
점심	오트밀 김치전 216쪽	상큼 가지덮밥 (수비드) 144쪽	꿀마늘 보쌈 플레이트 120쪽	들기름 냉파스타 (수비드) 240쪽	다이어트 반미 샌드위치 194쪽	소고기 무나물 덮밥 66쪽	실곤약 잡채 덮밥 202쪽
저녁	면두부 나가사키 짬뽕 190쪽	달걀 반쎄오 180쪽	짜장 떡볶이 78쪽	콩샐러드 &또띠아칩 134쪽	다이어트 부대찌개 90쪽	통두부 구이 230쪽	오트밀 배추전 232쪽

✦ 시금치커리(62쪽) ✦ 전기밥솥 수비드 닭가슴살(68쪽) ✦ 다이어트 짜장소스(76쪽) ✦ 아보카도크림 콜드수프(82쪽)

재료별 찾아보기

*이 책에 소개된 요리를 재료별로 나누어 재료의 가나다 순으로 정리했습니다.
*곁들이는 용도나 토핑용으로 들어간 재료는 넣지 않았습니다.